混沌与均衡纵横谈

TALKS ON CHAOS THEORY AND ECONOMIC EQUILIBRIUM

梁美灵　王则柯◎著

SCIENCE & HUMANITIES

05

数学科学文化理念传播丛书

（第一辑）

大连理工大学出版社
Dalian University of Technology Press

图书在版编目(CIP)数据

混沌与均衡纵横谈 / 梁美灵，王则柯著. --大连 ：大连理工大学出版社，2023.1

(数学科学文化理念传播丛书. 第一辑)

ISBN 978-7-5685-4084-1

Ⅰ. ①混… Ⅱ. ①梁… ②王… Ⅲ. ①混沌理论②经济均衡 Ⅳ. ①O415.5②F019.1

中国版本图书馆 CIP 数据核字(2022)第 250876 号

混沌与均衡纵横谈

HUNDUN YU JUNHENG ZONGHENGTAN

大连理工大学出版社出版

地址:大连市软件园路 80 号　邮政编码:116023

发行:0411-84708842　传真:0411-84701466　邮购:0411-84708943

E-mail:dutp@dutp.cn　URL:https://www.dutp.cn

辽宁新华印务有限公司印刷　　大连理工大学出版社发行

幅面尺寸:185mm×260mm　印张:12　字数:192 千字

2023 年 1 月第 1 版　　2023 年 1 月第 1 次印刷

责任编辑:王　伟　　责任校对:周　欢

封面设计:冀贵收

ISBN 978-7-5685-4084-1　　定价:69.00 元

SCIENCE & HUMANITIES

数学科学文化理念传播丛书·第一辑

编写委员会

丛书顾问 周·道本 王梓坤

胡国定 钟万勰 严士健

丛书主编 徐利治

执行主编 朱梧槚

委　　员 （按姓氏笔画排序）

王　前 王光明 冯克勤 杜国平

李文林 肖奚安 罗增儒 郑毓信

徐沥泉 涂文豹 萧文强

总 序

一、数学科学的含义及其在学科分类中的定位

20 世纪 50 年代初，我曾就读于东北人民大学(现吉林大学)数学系，记得在二年级时，有两位老师①在课堂上不止一次地对大家说："数学是科学中的女王，而哲学是女王中的女王."

对于一个初涉高等学府的学子来说，很难认知其言真谛. 当时只是朦胧地认为，大概是指学习数学这一学科非常值得，也非常重要. 或者说与其他学科相比，数学可能是一门更加了不起的学科. 到了高年级时，我开始慢慢意识到，数学与那些研究特殊的物质运动形态的学科(诸如物理、化学和生物等)相比，似乎真的不在同一个层面上. 因为数学的内容和方法不仅要渗透到其他任何一个学科中去，而且要是真的没有了数学，则无法想象其他任何学科的存在和发展了. 后来我终于知道了这样一件事，那就是美国学者道恩斯(Douenss)教授，曾从文艺复兴时期到 20 世纪中叶所出版的浩瀚书海中，精选了 16 部名著，并称其为"改变世界的书". 在这 16 部著作中，直接运用了数学工具的著作就有 10 部，其中有 5 部是属于自然科学范畴的，它们分别是：

(1) 哥白尼(Copernicus)的《天体运行》(1543 年)；

(2) 哈维(Harvery)的《血液循环》(1628 年)；

(3) 牛顿(Newton)的《自然哲学之数学原理》(1729 年)；

(4) 达尔文(Darwin)的《物种起源》(1859 年)；

① 此处的"两位老师"指的是著名数学家徐利治先生和著名数学家、计算机科学家王湘浩先生. 当年徐利治先生正为我们开设"变分法"和"数学分析方法及例题选讲"课程，而王湘浩先生正为我们讲授"近世代数"和"高等几何".

(5) 爱因斯坦(Einstein)的《相对论原理》(1916 年).

另外 5 部是属于社会科学范畴的,它们是:

(6) 潘恩(Paine)的《常识》(1760 年);

(7) 史密斯(Smith)的《国富论》(1776 年);

(8) 马尔萨斯(Malthus)的《人口论》(1789 年);

(9) 马克思(Max)的《资本论》(1867 年);

(10) 马汉(Mahan)的《论制海权》(1867 年).

在道恩斯所精选的 16 部名著中,若论直接或间接地运用数学工具的,则无一例外. 由此可以毫不夸张地说,数学乃是一切科学的基础、工具和精髓.

至此似已充分说明了如下事实:数学不能与物理、化学、生物、经济或地理等学科在同一层面上并列. 特别是近 30 年来,先不说分支繁多的纯粹数学的发展之快,仅就顺应时代潮流而出现的计算数学、应用数学、统计数学、经济数学、生物数学、数学物理、计算物理、地质数学、计算机数学等如雨后春笋般地产生、存在和发展的事实,就已经使人们去重新思考过去那种将数学与物理、化学等学科并列在一个层面上的学科分类法的不妥之处了. 这也是多年以来,人们之所以广泛采纳"数学科学"这个名词的现实背景.

当然,我们还要进一步从数学之本质内涵上去弄明白上文所说之学科分类上所存在的问题,也只有这样才能使我们在理性层面上对"数学科学"的含义达成共识.

当前,数学被定义为从量的侧面去探索和研究客观世界的一门学问. 对于数学的这样一种定义方式,目前已被学术界广泛接受. 至于有如形式主义学派将数学定义为形式系统的科学,更有如形式主义者柯亨(Cohen)视数学为一种纯粹的在纸上的符号游戏,以及数学基础之其他流派所给出之诸如此类的数学定义,可谓均已进入历史博物馆,在当今学术界,充其量只能代表极少数专家学者之个人见解. 既然大家公认数学是从量的侧面去探索和研究客观世界,而客观世界中任何事物或对象又都是质与量的对立统一,因此没有量的侧面的事物或对象是不存在的. 如此从数学之定义或数学之本质内涵出发,就必然导致数学与客观世界中的一切事物之存在和发展密切相关.同时也决定了数学这一研究领域有其独特的普遍性、抽象性和应用上的极端广泛性,从而数学也就在更抽象的层面上与任何特殊的物质运动形式息息相关.由此可见,数学与其他任何研究特殊的物质运动形态的学科相比,要高出一个层面.在此或许可以认为,这也就是本人少时所闻之“数学是科学中的女王”一语的某种肤浅的理解.

再说哲学乃是从自然、社会和思维三大领域,即从整个客观世界的存在及其存在方式中去探索科学世界之最普遍的规律性的学问,因而哲学是关于整个客观世界的根本性观点的体系,也是自然知识和社会知识的最高概括和总结.因此哲学又要比数学高出一个层面.

这样一来,学科分类之体系结构似应如下图所示:

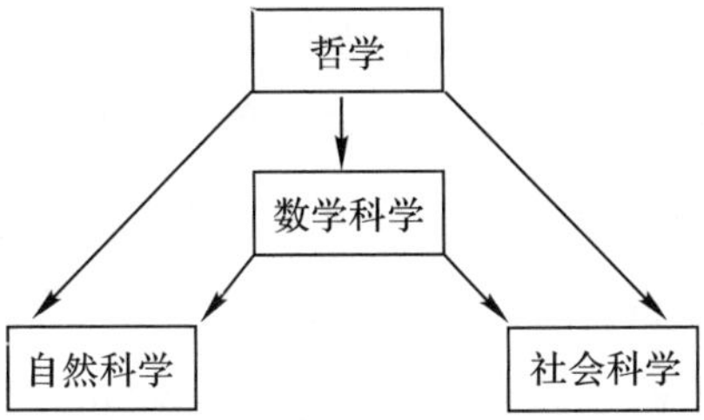

如上直观示意图的最大优点是凸显了数学在科学中的女王地位,但也有矫枉过正与骤升两个层面之嫌.因此,也可将学科分类体系结构示意图改为下图所示:

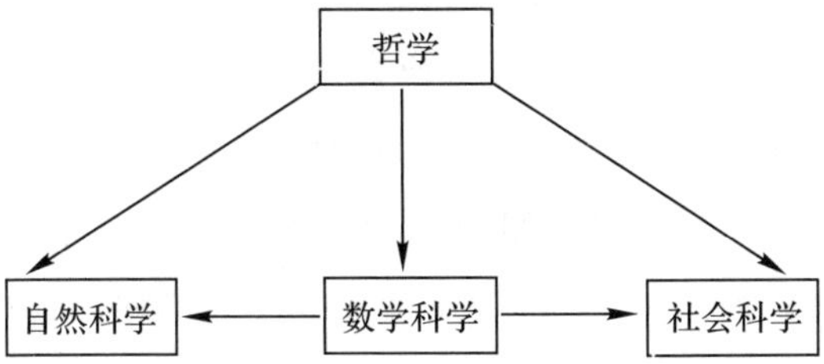

如上示意图则在于明确显示了数学科学居中且与自然科学和社会科学相并列的地位,从而否定了过去那种将数学与物理、化学、生物、经济等学科相并列的病态学科分类法.至于数学在科学中之“女王”地位,就只能从居中角度去隐约认知了.关于学科分类体系结构之如上两个直观示意图,究竟哪一个更合理,在这里就不多议了,因为少时耳闻之先入为主,往往会使一个人的思维方式发生偏差,因此

留给本丛书的广大读者和同行专家去置评.

二、数学科学文化理念与文化素质原则的内涵及价值

数学有两种品格,其一是工具品格,其二是文化品格. 对于数学之工具品格而言,在此不必多议. 由于数学在应用上的极端广泛性,因而在人类社会发展中,那种挥之不去的短期效益思维模式必然导致数学之工具品格愈来愈突出和愈来愈受到重视. 特别是在实用主义观点日益强化的思潮中,更会进一步向数学纯粹工具论的观点倾斜,所以数学之工具品格是不会被人们淡忘的. 相反地,数学之另一种更为重要的文化品格,却已面临被人淡忘的境况. 至少数学之文化品格在今天已不为广大教育工作者所重视,更不为广大受教育者所知,几乎到了只有少数数学哲学专家才有所了解的地步. 因此我们必须古识重提,并且认真议论一番数学之文化品格问题.

所谓古识重提指的是:古希腊大哲学家柏拉图(Plato)曾经创办了一所哲学学校,并在校门口张榜声明,不懂几何学的人,不要进入他的学校就读. 这并不是因为学校所设置的课程需要几何知识基础才能学习,相反地,柏拉图哲学学校里所设置的课程都是关于社会学、政治学和伦理学一类课程,所探讨的问题也都是关于社会、政治和道德方面的问题. 因此,诸如此类的课程与论题并不需要直接以几何知识或几何定理作为其学习或研究的工具. 由此可见,柏拉图要求他的弟子先行通晓几何学,绝非着眼于数学之工具品格,而是立足于数学之文化品格. 因为柏拉图深知数学之文化理念和文化素质原则的重要意义. 他充分认识到立足于数学之文化品格的数学训练,对于陶冶一个人的情操,锻炼一个人的思维能力,直至提升一个人的综合素质水平,都有非凡的功效. 所以柏拉图认为,不经过严格数学训练的人是难以深入讨论他所设置的课程和议题的.

前文指出,数学之文化品格已被人们淡忘,那么上述柏拉图立足于数学之文化品格的高智慧故事,是否也被人们彻底淡忘甚或摒弃了呢? 这倒并非如此. 在当今社会,仍有高智慧的有识之士,在某些高等学府的教学计划中,深入贯彻上述柏拉图的高智慧古识. 列举两

个典型示例如下：

例 1，大家知道，从事律师职业的人在英国社会中颇受尊重. 据悉，英国律师在大学里要修毕多门高等数学课程，这既不是因为英国的法律条文一定要用微积分去计算，也不是因为英国的法律课程要以高深的数学知识为基础，而只是出于这样一种认识，那就是只有通过严格的数学训练，才能使之具有坚定不移而又客观公正的品格，并使之形成一种严格而精确的思维习惯，从而对他取得事业的成功大有益助. 这就是说，他们充分认识到数学的学习与训练，绝非实用主义的单纯传授知识，而深知数学之文化理念和文化素质原则，在造就一流人才中的决定性作用.

例 2，闻名世界的美国西点军校建校超过两个世纪，培养了大批高级军事指挥员，许多美国名将也毕业于西点军校. 在该校的教学计划中，学员除了要选修一些在实战中能发挥重要作用的数学课程(如运筹学、优化技术和可靠性方法等)之外，还要必修多门与实战不能直接挂钩的高深的数学课. 据我所知，本丛书主编徐利治先生多年前访美时，西点军校研究生院曾两次邀请他去做“数学方法论”方面的讲演. 西点军校之所以要学员必修这些数学课程，当然也是立足于数学之文化品格. 也就是说，他们充分认识到，只有经过严格的数学训练，才能使学员在军事行动中，把那种特殊的活力与高度的灵活性互相结合起来，才能使学员具有把握军事行动的能力和适应性，从而为他们驰骋疆场打下坚实的基础.

然而总体来说，如上述及的学生或学员，当他们后来真正成为哲学大师、著名律师或运筹帷幄的将帅时，早已把学生时代所学到的那些非实用性的数学知识忘得一干二净. 但那种铭刻于头脑中的数学精神和数学文化理念，仍会长期地在他们的事业中发挥着重要作用. 亦就是说，他们当年所受到的数学训练，一直会在他们的生存方式和思维方式中潜在地起着根本性的作用，并且受用终身. 这就是数学之文化品格、文化理念与文化素质原则之深远意义和至高的价值所在.

三、“数学科学文化理念传播丛书”出版的意义与价值

有现象表明，教育界和学术界的某些思维方式正深陷于纯粹实

用主义的泥潭,而且急功近利、短平快的病态心理正在病入膏肓.因此,推出一套旨在倡导和重视数学之文化品格、文化理念和文化素质的丛书,一定会在扫除纯粹实用主义和诊治急功近利病态心理的过程中起到一定的作用,这就是出版本丛书的意义和价值所在.

那么究竟哪些现象足以说明纯粹实用主义思想已经很严重了呢?详细地回答这一问题,至少可以写出一本小册子来.在此只能举例一二,点到为止.

现在计算机专业的大学一、二年级学生,普遍不愿意学习逻辑演算与集合论课程,认为相关内容与计算机专业没有什么用.那么我们的教育管理部门和相关专业人士又是如何认知的呢?据我所知,南京大学早年不仅要给计算机专业本科生开设这两门课程,而且要开设递归论和模型论课程.然而随着思维模式的不断转移,不仅递归论和模型论早已停开,逻辑演算与集合论课程的学时也在逐步缩减.现在国内坚持开设这两门课的高校已经很少了,大部分高校只在离散数学课程中给学生讲很少一点逻辑演算与集合论知识.其实,相关知识对于培养计算机专业的高科技人才来说是至关重要的,即使不谈这是最起码的专业文化素养,难道不明白我们所学之程序设计语言是靠逻辑设计出来的?而且柯特(Codd)博士创立关系数据库,以及施瓦兹(Schwartz)教授开发的集合论程序设计语言 SETL,可谓全都依靠数理逻辑与集合论知识的积累.但很少有专业教师能从历史的角度并依此为例去教育学生,甚至还有极个别的专家教授,竟然主张把“计算机科学理论”这门硕士研究生学位课取消,认为这门课相对于毕业后去公司就业的学生太空洞,这真是令人瞠目结舌.特别是对于那些初涉高等学府的学子来说,其严重性更在于他们的知识水平还不了解什么有用或什么无用的情况下,就在大言这些有用或那些无用的实用主义想法.好像在他们的思想深处根本不知道高等学府是培养高科技人才的基地,竟把高等学府视为专门培训录入、操作与编程等技工的学校.因此必须让教育者和受教育者明白,用多少学多少的教学模式只能适用于某种技能的培训,对于培养高科技人才来说,此类纯粹实用主义的教学模式是十分可悲的.不仅误人子弟,而且任其误入歧途继续陷落下去,必将直接危害国家和社会的发展前程.

另外,现在有些现象甚至某些评审规定,所反映出来的心态和思潮就是短平快和急功近利,这样的软环境对于原创性研究人才的培养弊多利少.杨福家院士说:①

“费马大定理是数学上一大难题,360多年都没有人解决,现在一位英国数学家解决了,他花了9年时间解决了,其间没有写过一篇论文.我们现在的规章制度能允许一个人9年不出文章吗?

“要拿诺贝尔奖,都要攻克很难的问题,不是灵机一动就能出来的,不是短平快和急功近利就能够解决问题的,这是异常艰苦的长期劳动.”

据悉,居里夫人一生只发表了7篇文章,却两次获得诺贝尔奖.现在晋升副教授职称,都要求在一定年限内,在一定级别杂志上发表一定数量的文章,还要求有什么奖之类的,在这样的软环境里,按照居里夫人一生中发表文章的数量计算,岂不只能当个老讲师?

清华大学是我国著名的高等学府,1952年,全国高校进行院系调整,在调整中清华大学变成了工科大学.直到改革开放后,清华大学才开始恢复理科并重建文科.我国各层领导开始认识到世界一流大学均以知识创新为本,并立足于综合、研究和开放,从而开始重视发展文理科.11年前,清华人立志要奠定世界一流大学的基础,为此而成立清华高等研究中心.经周光召院士推荐,并征得杨振宁先生同意,聘请美国纽约州立大学石溪分校聂华桐教授出任高等中心主任.5年后接受上海《科学》杂志编辑采访,面对清华大学软环境建设和我国人才环境的现状,聂华桐先生明确指出②:

“中国现在推动基础学科的一些办法,我的感觉是失之于心太急.出一流成果,靠的是人,不是百年树人吗?培养一流科技人才,即使不需百年,却也绝不是短短几年就能完成的.现行的一些奖励、评审办法急功近利,凑篇数和追指标的风气,绝不是真心献身科学者之福,也不是达到一流境界的灵方.一个作家,您能说他发表成百上千

① 王德仁等,杨福家院士“一吐为快——中国教育5问”,扬子晚报,2001年10月11日A8版.

② 刘冬梅,营造有利于基础科技人才成长的环境——访清华大学高等研究中心主任聂华桐,科学,Vol.154,No.5,2002年.

篇作品，就能称得上是伟大文学家了吗？画家也是一样，真正的杰出画家也只凭少数有创意的作品奠定他们的地位. 文学家、艺术家和科学家都一样，质是关键，而不是量.

“创造有利于学术发展的软环境，这是发展成为一流大学的当务之急.”

面对那些急功近利和短平快的不良心态及思潮，前述杨福家院士和聂华桐先生的一番论述，可谓十分切中时弊，也十分切合实际.

大连理工大学出版社能在审时度势的前提下，毅然决定立足于数学文化品格编辑出版“数学科学文化理念传播丛书”，不仅意义重大，而且胆识非凡. 特别是大连理工大学出版社的刘新彦和梁锋等不辞辛劳地为丛书的出版而奔忙，实是智慧之举. 还有 88 岁高龄的著名数学家徐利治先生依然思维敏捷，不仅大力支持丛书的出版，而且出任丛书主编，并为此而费神思考和指导工作，由此而充分显示徐利治先生在治学领域的奉献精神和远见卓识.

序言中有些内容取材于“数学科学与现代文明”①一文，但对文字结构做了调整，文字内容做了补充，对文字表达也做了改写.

朱梧槚

2008 年 4 月 6 日于南京

① 1996 年 10 月，南京航空航天大学校庆期间，名誉校长钱伟长先生应邀出席庆典，理学院名誉院长徐利治先生应邀在理学院讲学，老友朱剑英先生时任校长，他虽为著名的机械电子工程专家，但从小喜爱数学，曾通读《古今数学思想》巨著，而且精通模糊数学，又是将模糊数学应用于多变量生产过程控制的第一人. 校庆期间钱伟长先生约请大家通力合作，撰写《数学科学与现代文明》一文，并发表在上海大学主办的《自然杂志》上. 当时我们就觉得这个题目分量很重，要写好这个题目并非轻而易举之事. 因此，徐利治、朱剑英、朱梧槚曾多次在一起研讨此事，分头查找相关文献，并列出提纲细节，最后由朱梧槚执笔撰写，并在撰写过程中，不定期会面讨论和修改补充，终于完稿，由徐利治、朱剑英、朱梧槚共同署名，分为上、下两篇，作为特约专稿送交《自然杂志》编辑部，先后发表在《自然杂志》1997，19(1)：5-10 与 1997，19(2)：65-71.

前 言

1985年夏天，美国密执安州立大学数学系李天岩教授应邀访问了中山大学、航天部、吉林大学、北京大学、科学院理论物理研究所、西安交通大学、杭州大学、福州大学，在混沌理论和同伦方法方面做了一系列讲座。根据这些演讲以及讲座外的谈话，我以青年学生和青年学者可以从这些很有启发性的新发展中学习科学研究的方法为宗旨，写了一些短文，发表在《自然杂志》和《大学物理》等杂志上，受到了读者欢迎。

我原来是学电气工程的，曾长期在科研单位工作，现在任职中山大学图书馆参考咨询部。对于生物学、经济学、数学和理论物理学我是外行，但我对于新学科、新方向的发展比较关注，对边缘科学的生长优势尤感兴趣。我觉得，收集和筛选这样的材料、故事，从科学研究方法论的角度组织起来，不但对于非专家了解科学的这些新发展有好处，而且对于关心科学发展和立志科学事业的青少年读者会有很大的帮助。这一想法，得到了生活·读书·新知三联书店特别是沈昌文先生的宝贵支持。因为先前已收集和积累了比较丰富的资料，所以许多故事和许多人物早已零散地在我头脑里活现，倾注全力工作了半年，在王则柯先生的指导之下，终于写成了这本小书。

1986年6月，在中山大学研究生院成立大会上，中山大学名誉教授杨振宁专门就学习方法和科研方法问题做了一次精彩的讲演。杨教授提倡青年学生兴趣面要宽，知识面要广，指出20世纪科学的许多新发展都是学科交叉渗透的结果。杨教授讲话的思想力量深深地打动了我，何况演讲中还特别谈到了混沌理论的故事和意义。应该说，杨振宁教授的演讲，对这本小书的完成起了很大的促进作用。

本书主要介绍生物学、物理学方面混沌理论的诞生和经济学方面一般经济均衡理论及其计算方法的发展。除了生物学家、物理学家、经济学家以外,数学家的积极创造对上述发展的贡献也很大。在执笔的时候,我觉得单纯讲一些故事或花絮,是不能满足读者的要求的。如果完全不介绍这些理论本身,故事就难免浅薄。对于混沌理论和均衡理论,我既是专家意义下的外行,又是情报文献方面的有心人。用我能够理解的语言向读者介绍这些理论的某些最有趣、最具普遍性意义的内容,也许正是读者所需要的。所以,本书有一些章节段落会深入这些理论本身,但是用到的预备知识不超过中学的水平。青少年读者费点力气把这些章节段落读懂,是完全值得的。但是,如果头一次阅读时对故事以先睹为快,不想马上费脑筋,也可以跳过这些章节段落先看下去,待以后有兴趣时再回头细细琢磨。物理学和经济学的这些新进展,具有深刻的哲学内涵。所以,介绍这些新进展的普及性读物,还会受到社会科学工作者的欢迎。

除了杨振宁教授的演讲和李天岩教授的讲学及谈话以外,本书还参考了许多文献。中文文献中特别要提到的是史树中教授、张景中教授、朱照宣教授、郝柏林教授等人的论著。美国普林斯顿大学生物系教授罗伯特·梅,专门为本书的写作寄来丰富的文字资料。对以上提到的各位,谨表示衷心的感谢。My special thanks go to Professor Robert May for kindly sending me a rich collection of his writings。

这毕竟是一次尝试。成功与否,有待读者的批评。至于局部的缺点或失误,更是在所难免,诚恳地希望专家和读者指正。

科学研究怎样才能成功?关于这个题材,许多大学问家写过许多好书。在混沌理论和经济均衡方面的进展表明,不放过“浅显”的、貌似幼稚的问题,并且追索到底,务必弄个水落石出,是许多重要发现的契机。可见,保持“不避浅陋刨根问底”的求知“童心”,也是最终做出伟大发现的重要因素。在科学研究的队伍里,研究生资历虽浅,但是没有包袱,最具创新意识,有可能做出重要贡献。经济均衡和混沌理论的发展,提供了富有教育意义的故事。

梁美灵　谨识

1988 年 9 月

目　录

引　子
——杨振宁教授谈学问之道

一九八六年六月二十七日，中山大学研究生院举行成立大会.中山大学名誉教授、著名物理学家杨振宁博士向到会的两千多名师生作了专题演讲.

杨振宁教授特别谈到了如何做学问的问题.他说：

“一个研究生，在他研究生生活的几年期间，对他自己最大的责任，就是把自己引导到一个有发展的研究方向上去.”

杨教授指出一种现象：到一所好的大学里去跟研究生接触，发现他们都很聪明，都很好学，因为一所好的大学通常是不会接受一个素质太差的研究生的.可是过了二十年，就发现这些人后来的研究成绩悬殊，有些人非常成功，有些人却颇令人失望.这是什么道理呢？杨教授说：

“最重要的道理，就是那些成功的人找到了一个研究方向，这个研究方向在他们研究生这个生活阶段以后的五年到十年之内大有发展.这样，他随着这个研究领域的发展而发展的可能性就变得很大了.这常常是相辅相成的：他贡献给这个研究领域，而这个领域的发展又使得他自己前进的道路更宽广.就是这样，许多人做出了许多创造性的工作.”

“相反，有许多研究生，能力本来是很强的，可是在做研究生时，自己走进了死胡同.这个胡同当时看起来还很好，但这个研究生不知道表面上还很兴旺的一个领域，事实上已经是强弩之末了.这样，等他取得博士学位以后，这个领域里最重要的东西别人已经做过了.遇到这种情形，又不善于改变自己的方向，那么费了很大力气，却没有得到很大成功.所以，一个研究生最重要的事情，就是选择一个有发展、有希望的领域.”

这样，许多人不免要问：那么，哪个领域才是最重要的？哪种选择最正确呢？杨教授说，这是没有现成答案的，最重要的是每个研究生应该自己去寻找，凭着自己的判断，寻找以后容易发展的方向.这就要求每个学生尽量使得自己的兴趣面广泛些，尽量使得自己的知识面广泛些，而不能念死书.

杨教授分析了中国的一句古训：知之为知之，不知为不知，是知也.他说，这句古训是有很深的哲理的，因为如果一个人弄不清楚什么东西是他懂的，什么东西是他不懂的，就难免发生混淆.但是，如果对这句古训信仰得太厉害，就会走到另一个方面，那就是不愿意接触那些他一时还不懂的东西，认为要知道别的东西，就要像听一门课那样学，否则就不应该去接触这些东西.

杨教授说，美国的学生却正好相反，常常在乱七八糟之中，就把东西都给学进去了.他们知识面广，同时漏洞也多.但这不是什么了不起的事情.例如氢弹之父泰勒教授，他的主意非常之多，每天恐怕有十个不同的主意，其中可能有九个都是错的.但他不怕讲出来，不怕出错.等到他的错误见解被别人或被自己纠正过来时，他就又前进了一步.所以，杨教授建议美国学生学一点中国传统，中国学生学一点美国传统.怕出错，不敢接触新东西，不敢提出自己的见解，是没有出息的.把自己训练成有独立思考能力的研究工作者，特别重要.

为了做一个成功的研究工作者，杨振宁教授特别提倡跨学科的兴趣、跨学科的研究.他指出：

“20世纪科学技术发展飞快，在这飞快的发展中，出现许多新的研究领域.一个人如果对好几个领域都有所了解的话，常常可以做出非常重要的贡献.”

杨教授在演讲中举了两个例子.一个是CT断层扫描.这是最近十几年来通过技术和医学两个方面的发展而产生的新的医学技术，对人类医学无疑是一个大的贡献.CT扫描的观念最早就是美国一个物理学教授提出来的.他因为懂X光衍射，对医学也有兴趣，对计算机软件知识也很熟悉，这三方面的优势加在一起，就发展成CT扫描的理论.另一个是最近八九年在物理学和数学方面的新的研究领域，叫作 chaos，即混沌现象. 对于混沌学的发展，一位叫作菲根鲍姆的年轻人起了很大作用. 他是物理学博士，但对计算机有很大兴趣，所以整天摆弄计算机. 他把数学、物理学和计算机的知识联系在一起，最后就创立了混沌学这个新的研究领域.

杨教授最后指出：

“毫无疑问，在今后的二三十年之间，这种汲取了各个不同学科的营养的真正创造性的工作，会层出不穷. 希望大家尽量使得自己的知识和兴趣广泛一些. 多知道各学科的知识以后，就会产生这种跨学科的创见.”

杨教授在这里谈的，是科学研究的方法. 青年学生和青年学者要了解科学的发展，必要时要敢于和善于改变方向. 青年人不要以为自己的知识越专越窄越好，这样会把自己的路堵死. 他们有责任多了解周围的发展，使自己的道路变得宽广. 人们常说机遇，机遇要靠自己去寻找. 这些道理，对于正在探索现代化之路的中国广大青年，不论是做工务农还是治学经商，同样是非常重要的.

杨教授特别谈到了混沌理论. 本书将以混沌理论和经济均衡理论的发展为中心，介绍几位卓有成就的学者在科学研究的前沿所经历的曲折动人的成功的探索. 作者深信，他们的成功之路，就是杨振宁教授提倡的道路. 愿他们的故事，启迪我们的读者进行有益的思考.

一　数学:周期三则乱七八糟

1.1　人类对宇宙的认识面临挑战

20 世纪 70 年代,人类对自然和社会的认识面临挑战.

马克思曾经说过,一门学科,只有当它能够成功地运用数学方法时,才能真正称得上是一门科学.的确,每一门学科都把成功地运用数学作为自身成熟的标志.数学总是以其简洁性、明确性,把科学问题的实质展现在人们面前.

然而,世界并不像以往的数学那么单纯.今天并不能完全预知明天.如果你总是想用一加一等于二的模式去理解世界,就注定要碰钉子.试看,股票市场的行情仿佛按照价值规律在准确地运行,某种股票要的人多了,价格就上升,某种股票信用下降被人冷淡了,价格就下跌,一切似乎都很有规律.不料一夜之间,会发生价格的全面暴跌,许多股票市场的老手也应付不了这种突变,纷纷跳楼自杀.这不是什么虚构的电影分镜头剧本,而是 1930 年美国纽约市的真实情景.再看,烟头上一缕袅袅上升的青烟,会突然变成层层烟圈,四处飘散.为什么即使在无风的条件下,也不能一缕青烟一直飘到底?闷热无风、空气似乎僵凝住了的天气,突然爆发出风暴;缓慢的地质运动和突然而至的葬送成千上万人的生命的地震;还有心肌梗阻、生物的种群繁衍振荡,这些自然界的突发的灾变现象到处可见,真是层出不穷.即使在风洞的实验室条件下,按理说气流是很规矩很理想的,但一面比较长的旗帜也总是要呼啦啦地飘忽不定,并不会像一块玻璃平板那样平坦地展开.种种现象似乎都有趋向于紊乱结局的倾向.所有这一切都使人觉得,自在的宇宙和理性的数学各唱各的调,常常走不到一起.

数学本身就那么听话吗?也不是.以最简单的迭代公式

$$y = 15x(1-x)/4$$

为例,应该说是够简单够明确的了,不料却会导致意想不到的紊乱结局(后面几节和第二章、第三章会逐步介绍紊乱或混乱的确切的含义),出现古怪的行为.这样一个把 x 的具体数目代进去就能准确地把 y 算出来的简单方程也会给人们带来许多麻烦,对于许多数学家来说,也是意料之外的事.如果这个方程代表的是某种生物物种的繁衍规律,从这一代的物种密度 x 就可以算出下一代的物种密度 y,那么,紊乱的结局就预示着这个物种将来的危险.

数学家对于上面所说的那么简单的迭代公式,少说也已经研究过几百年了.直到20世纪的70年代,人们才明确地发现简单的方程也会出现古怪的行为,带来紊乱的结局.这个问题真是使人感到头痛.但是,当一个问题一次一次地在科学研究中被遇到的时候,不管它是多么困难,不管它是多么令人感到头痛,它的反复出现就是一个迹象:科学的发展已经面临解决这个问题的时刻,不应当也不能够再回避这个问题.许多人在科学研究中差不多同时遇到一个(本质上)同样的问题,这个事实通常有两方面的背景.一是现在需要解决这个问题了,二是解决这个问题的条件也大体具备了.谁对这种形势看得准,采取的方法对,谁就有可能领先于其他学者做出科学发展主流上的创造性贡献.时势造英雄,一点也不假.

几百年来,数学家对上面所说的简单迭代公式进行了许多讨论.现在,也只是现在,是到了从简单迭代所造成的混乱现象中把"混乱的规律"找出来的时候了.

这一次,谁能捷足先登呢?

1.2　博士生李天岩的小题目

1973年4月的一天,在美国马里兰大学数学系,一个名叫李天岩(T. Y. Li)的研究生百无聊赖地走进他的导师约克(J. Yorke)教授的办公室,问:

"老板,有什么小题目做吗?"

李天岩祖籍湖南,前几年从台湾到美国攻读博士学位.按照美国的教育制度,研究生的学习经费和生活费用,一般是由研究生的导师向有关方面申请得来的.在这个意义上,导师就是研究生的老板,研究生是导师的雇员或小工.在经费上,导师和研究生有这种关系;从科学研究本身看,这种关系也是合理的.博士研究生导师,一般都是学术上造诣较深、成就较大的教授,他们对学术上的问题往往有很好的见解、很好的主意,或者说有很好的设想.但他们自己未必有足够的时间和足够的精力去实现这些设想.从这方面来说,研究生就是他们最好的科研助手.从研究生方面讲,他们在导师的指导之下集中精力攻克一个科学问题,其意义不仅是解决了一个具体问题,更重要的是从导师的指导和自己的实践中学会了从事较高水平的科学研究的方法,培养了从事较高水平的科学研究的能力.

从理性上说,研究生和导师是这种老板和小工的关系,但从人际关系上说,又是一种人格平等的关系.研究生见导师,很少严肃地称呼某某教授,通常只是喊一声"Hi!"打个招呼就代替了正式称呼,接着就开始正式的话题.研究生对别人谈及自己的导师时,一般就称为"老板",我老板如何如何,老板要我如何如何.大体上说,研究生和导师在一起的时候,看起来就像两位平起平坐的先生在聊天,极少出现一方趾高气扬,一方毕恭毕敬的局面.事实上,研究生常常成为导师的很好的合作者,这种合作关系有时还会延续好多年.李天岩走进约克教授的办公室时,打个招呼问声好就进入了话题,不过用中文念起来,"意译"成"老板,有什么小题目做吗?"比较上口.

博士研究生的期限一般是4年,少数是5年,个别的更长.当然也有一些是不足4年就取得博士学位的.

4年的时间里,头两年选读一定数量的课程,通过考试,即博士研究生资格考试,便取得硕士学位,开始做博士学位论文.在中国,硕士研究生阶段和博士研究生阶段是分离的,总的期限拖得比较长,取得硕士学位之前一定要完成硕士学位论文并答辩通过.在美国,大学毕业生就可以申请当博士研究生.当了博士研究生以后,只要通过研究生资格考试(Qualifying Examination,也有些大学叫General Examination,可译为研究生大考或总考),就自动取得硕士学位,开始专心做博士学位论文.所以,对于博士研究生来说,取得硕士学位只是攻读博士学位过程中的一个副产品、一个阶段性标志.

博士学位论文所研究的问题(中国一般喜欢说课题)应当是某一学术领域中比较大的和比较重要的问题.但是,博士研究生常常还考虑和研究一些别的问题.这一方面是因为兴趣广泛,学业上也有余力;另一方面,考虑一下别的问题,脑筋上也可以调剂休息一下,到头来对解决学位论文主攻的问题也是有好处的.这种学位论文课题以外的问题,有的是研究生自己发现自己找来做的,有的是研究生向导师讨来的.这类问题的意义有大有小,大的会是一项开创性的工作,小的只相当于做一次练习题.现在李天岩走到导师约克教授的办公室讨"小题目"做,这"小"字只是一种习惯性的泛指.

约克教授望着学生,沉默一阵,说:

"好的.我有一个很好的想法给你!"

"您的想法是否好得足以在《美国数学月刊》上发表?"李故意问.

大家知道,美国在数学方面的专业性学术组织主要有两个,一个是美国数学会,一个是美国数学协会.相对来说,美国数学会更加强调学术研究,而美国数学协会则比较注意数学的普及工作.美国数学协会主办了一份学术刊物,叫作《美国数学月刊》.这是一本面向大学和高中数学爱好者的数学杂志,主要介绍数学进展,兼有书评、问题征解等栏目.由于《美国数学月刊》把普及介绍纳入办刊宗旨之中,并且以数学爱好者为重要读者对象,就不像其他数学刊物那样高深、那样权威.所以,数学家如果取得什么重大的研究成果的话,是不大会考虑送到《美国数学月刊》这样带普及性的刊物去发表的.李天岩故意问约克教授他的好想法(如果成功的话)是否好得足以在《美国数学月刊》这样的带普及性的刊物上发表,无非是跟老板开个玩笑而已.

原来,约克教授指的是一个关于区间迭代的数学问题.下一节我们会比较仔细地说明这个问题,现在先让我们把故事讲完.约克教授思考这个区间迭代问题已经有一些时间了.凭着他的学术造诣和研究经验,约克教授猜测如果区间迭代有一个3周期点的话(什么是3周期点,什么是周期点,都放在下一节说明),就一定什么周期点都有.怎样证明这个猜测是对的呢?他也有了初步的考虑,估计那样做下去是会成功的.

约克教授把自己的想法向李天岩说了,李觉得这个问题确实很有意义，教授的想法的确很有启发性. 看来，这并不是一个无足轻重的小问题，而是一个已经有希望解决的研究课题. 李天岩认真地对教授说：

“这确实是一个很出色的想法！”

“那我们就一言为定，做好以后送到《美国数学月刊》去发表.” 教授答道.

这样，李天岩就一头钻进这个出色的“小”课题中去了. 一个星期以后，他把这个区间迭代问题完整地解决了，整理成一篇论文，按作者姓氏的英文字母顺序写上作者的名字李(Li) 和约克(Yorke)，真的寄到《美国数学月刊》去了.

很快，论文被退了回来，主要是论文的形式不符合《美国数学月刊》的要求. 这份月刊要照顾大学和高中数学爱好者的阅读习惯，最不喜欢长篇大论的数学证明. 刊物编辑部向作者指出，如果坚持要在本刊发表，应当全面改写，着重把问题的提法和意义讲清楚，把作者研究的成果和证明关键讲清楚，尽量做到使一般数学爱好者读起来也能有所收获，不必把全部长篇证明过程都写在文章里.

对于科研工作者和对于文学工作者一样，投稿、退稿是常有的事. 即使是一位造诣很深、名望很高的作者，也会遇上退稿的时候的. 一般来说，这并没有什么了不得的，作者也未必就很着急. 特别是因为约克教授和李天岩都还有别的更大的研究课题在做着，所以稿子退回来以后，就被它的作者们像过去做过的许多练习一样，堆在办公室的一个角落里.

过了大约一年，在一次会议上，约克教授了解到物理学家正在为确定型的数学公式竟然会导向紊乱的结局这一事实而头痛，许多学者已经把研究“混乱现象”的必要性明确地提出来了. 特别是在一些综合性的学术刊物上，学习物理学和应用数学出身的生物学家罗伯特 · 梅(第二章将主要介绍梅教授的贡献) 已经写下了形如

$$y = Ax(1-x)$$

这样的方程. 那么多学者关心区间迭代所出现的混乱现象，说明解决这个问题的时机已经成熟，既有必要解决，又有可能解决了. 这时，就看谁先跨出成功的第一步. 他马上想起了他和李天岩做过的那个区间迭代问题. 真是机不可失，时不再来. 他叫李天岩从纸堆中把那篇论文

找出来,一定要送到一个学术刊物上去,争取早日发表.

送到哪里去发表呢?约克教授和李天岩决定,还是送到《美国数学月刊》去.这个学术刊物的级别虽然比较低,但有一个好处,就是有可能很快发表李和约克的文章.为什么?因为《美国数学月刊》已经审查过李和约克原来写的那篇论文,退回来没有发表并不是因为论文的内容有问题,而是因为论文的写法不合刊物的要求.如果把论文送到别的级别较高的学术刊物上去,一方面又要重新审查,那一定要多等许多时间.遇上态度认真、办事麻利的审稿人还好,遇上不负责任、办事拖拉的审稿人,就更糟了.最理想的情况单审稿就要多等五六个月.另一方面,那些级别较高的学术刊物好几个月才出版一期,已经有许多审查通过的论文在排着队等待发表,不可能像《美国数学月刊》那样基本上一个月出版一期来得那么快.当然,送到《美国数学月刊》去发表,也有一些不理想的地方.首先是刊物级别较低,这样如果别人只从论文发表刊物的级别高低来判断作者的科研成果的话,就往往产生贬低的现象.但是,李和约克深知,他们的研究成果是当前学术界面临的重要课题,只要发表出去,虽然刊物的级别低一些,但论文的科学价值迟早会被学术界认识的.现在主要是快,争取尽快把已经做出来的研究成果公诸于世.其次一个问题是要改写.形式上改写一下,看起来是让了一步,但是换回来的却是成果的早日发表,这是完全值得的.

于是,约克教授和李天岩紧密合作,亲自按照《美国数学月刊》的文章规格重新改写.文章着重谈了区间迭代问题的意义,几个基本概念的定义和作者的主要结果,而有一些证明,只好作为附录放在正文的后面.文章的题目是 *Period Three Implies Chaos*,用李天岩自己的汉译来说,就是《周期三则乱七八糟》.

通俗文章,人人爱看.最讲究明确性和精确性的数学家竟然谈论起"乱七八糟"来,这已吸引了许多读者.更为可贵的是,这一研究成果的证明方法并没有使用什么高深的数学理论.物理学家和生物学家也很快接受了这篇他们感觉可读的数学文章.从此,李天岩和约克首先采用的 chaos 一词不胫而走,现在成了研究混乱现象的理论——混沌理论中的专门术语,甚至成为混沌理论本身的代名词.

当时,正是 1975 年的年底,物理学家还没来得及把他们关于混乱现象的思考整理成一篇有科学价值的论文，发表就更谈不上了. 生物学家虽然已经提出了类似的迭代方程，但尚未深入得出深刻的结论的阶段. 由于李天岩和约克的《周期三则乱七八糟》的文章的发表，数学家在这一方面又一次走在前面.

1.3 什么叫周期点

这一节，我们谈谈与区间迭代有关的几个数学概念，着重说明什么是周期点. 只想知道故事的读者可以不看这一节的内容，这对你了解以后的事情发展并没有太大的妨碍. 或者，头一次读这本书的时候先跳过这些专业性的技术性的节次段落，获得一个总的印象，以后再回过头来细细品味，把这些具体的内容搞清楚. 这是一种值得推荐的读书方法. 现在不看这一节或者现在看不懂这一节，并不是什么了不起的事情. 现代科学技术发展这么快，越来越深，越来越广，哪怕是一个年轻有为的大学教授，也只能了解其中的一小部分；谁也不可能是无所不知的全才. 有些事情，站得远些，看个大概，反而对我们有启发，有帮助. 什么都要穷枝究末，不但注定要失败，而且容易使人灰心. 这一节就是专业性的、技术性的内容，完全可以放到你想具体了解它的时候再看.

一个一元函数，通常可以表示为

$$y = f(x)$$

这是初中数学课本里就讲到的. 这里，x 是自变量，y 是因变量. 有一个 x，就有一个 y. 例如

$$y = 3x - 4$$

若 $x = 1$，就知道 $y = 3 \times 1 - 4 = -1$；若 $x = 2$，就得到 $y = 3 \times 2 - 4 = 2$；等等. 总之，x 确定了，y 就跟着确定了. 又如

$$y = 3x^3 - 4$$

若 $x = 1$，就得到 $y = 3 \times 1^3 - 4 = 3 \times 1 - 4 = -1$；若 $x = 2$，就得到 $y = 3 \times 2^3 - 4 = 3 \times 8 - 4 = 20$，等等. 也是 y 随着 x 变.

y 怎样随着 x 变的呢？第一个例子中，按照 $y = 3x - 4$ 的关系变化，第二个例子中，按照 $y = 3x^3 - 4$ 的关系变化. 具体的例子不同，变化关系也就不同. 通常，我们就用一个抽象的符号 f 表示这种因循变

化的关系.写 $y = f(x)$，就是说数量 y 随着数量 x 的变化而变化，y 由 x 决定，并且 y 由 x 按照“关系”f 来决定.

知道了 x，就可以按照一定的关系得到 y.如果把得到的这个 y 看作新的 x，又可以按照那个关系得出一个新的 y 来.以函数

$$y = 3x - 4$$

为例，将 $x = 1$ 代入，得到 $y = -1$，再将这个 -1 作为新的 x 代入，又得到新的 $y = 3 \times (-1) - 4 = -7$.如果再将这个 -7 作为新的 x，就得到新的 $y = 3 \times (-7) - 4 = -25$.这样一次一次反复做下去，得到如下一些数值.

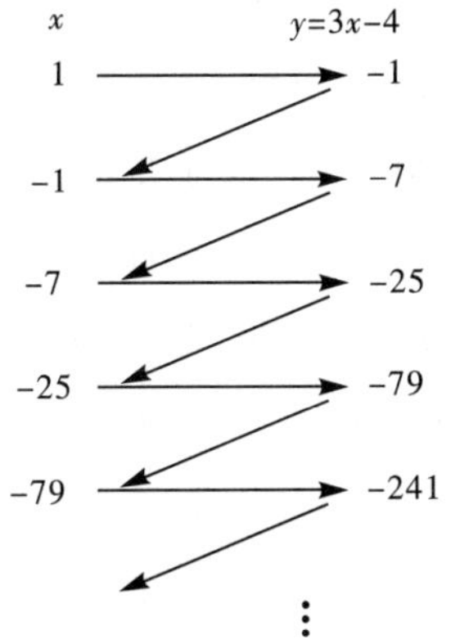

在上面的表中，1 是最初的 x. -1 是什么？它既是按 $x = 1$ 算出来的 y，又是新的 x. -7 是什么？你可以说它是新的 y，又是再新的 x. -25 是什么？是再新的 y，又是再再新的 x.这样说下去的话，不仅太啰嗦了，而且很快就会把人弄糊涂的.数学家不这样说.他们把第一个数值 1 记作 x_0，由 $x = x_0$ 按照 $y = f(x)$ 算出的 y 叫作 x_1，由 $x = x_1$ 按照 $y = f(x)$ 算出的 y 记作 x_2，也就是说：

$$x_1 = f(x_0), x_2 = f(x_1), x_3 = f(x_2), \cdots$$

这样写，简明得多了：按照关系 $y = f(x)$，由 x_0 得到 x_1，再由 x_1 得到 x_2，由 x_2 得到 x_3，….现在，都用 x 表示，因为每算一次，算出来的数原来是因变量，下一次就要做自变量了.从一个长过程来看，并没有自变量和因变量的区分，这次的因变量，就是下次的自变量，这次的自变量，也是上次的因变量.

这种写法还有一个好处，就是不必写下一大串

$$x_1 = f(x_0), x_2 = f(x_1), x_3 = f(x_2), \cdots$$

而只要写

$$x_n = f(x_{n-1}), n = 1,2,3,\cdots$$

就可以了.

利用函数关系 $y = f(x)$,算出一个 y 又作为新的 x 再算下一个 y 的做法,在数学上称为迭代,具体的表示式就是

$$x_n = f(x_{n-1}), n = 1,2,3,\cdots$$

李天岩和约克的论文《周期三则乱七八糟》,专门讨论[0,1]区间到[0,1]区间的迭代.

大家知道,如果 a 比 b 小,数轴上从 a 到 b 的一段就记作区间[a,b].所以,区间[0,1]就是数轴上从0到1的一段.说 $x_n = f(x_{n-1})$ 是[0,1]区间到[0,1]区间的迭代,指的是每次放进去迭代的数 x_{n-1} 都介乎0和1之间,每次迭代算出来的数 x_n 也都介乎0和1之间.[0,1]区间比别的[a,b]区间更受数学家重视,是因为[0,1]区间里的每一个数,都具有"占多少份额"的直观意义.例如,0.1就是10%,0.65就是65%,0就是0%,1就是100%.用 $x_{n-1} = 0.3$ 迭代算得 $x_n = 0.76$,用"份额"的话来说,就是原来占30%,经过迭代,变成占76%.所以,[0,1]区间到[0,1]区间的迭代在生物学、物理学等各方面都有直观的意义.还有一个原因,是任何[a,b]区间到[a,b]区间的迭代,都可以用所谓"变量替换"转化成[0,1]区间到[0,1]区间的迭代,这只要将 $x' = \dfrac{x-a}{b-a}$ 看作迭代变量就能做到.

所以,下面我们简称的区间迭代,都是指从[0,1]区间到[0,1]区间的迭代.例如,设

$$f(x) = -2x^3 + 1.5x + 0.5$$

那么

$$x_n = f(x_{n-1}), n = 1,2,3,\cdots$$

就是[0,1]区间到[0,1]区间的迭代.

把一个 x 放到式子里迭代,得到 $x' = f(x)$.一般来说,x' 和 x 会不相同.例如上面举的例子 $f(x) = -2x^3 + 1.5x + 0.5$,情况如下:

$$x = 0, \quad x' = 0 + 0 + 0.5 = 0.5$$

$$x = 0.25,\quad x' = -0.03125 + 0.375 + 0.5 = 0.844$$

$$x = 0.5,\quad x' = -0.25 + 0.75 + 0.5 = 1$$

$$x = 0.75,\quad x' = -0.84375 + 1.125 + 0.5 = 0.781$$

$$x = 1,\quad x' = -2 + 1.5 + 0.5 = 0$$

所以，迭代前的数 x 和迭代后得到的数 x' 不相同，是常有的事，我们也说 x 经过迭代跑到 x' 去了.但有时有这样的情况，一个 x 放进去迭代，得到的 x' 和原来的 x 相等，就是说 x 经过迭代没有动，新的数 $x' = x$，还在原来的地方.这样的 x 叫作迭代函数 $f(x)$ 的**不动点**.也就是说，如果 $x^* = f(x^*)$，就称 x^* 是 $f(x)$ 的不动点.例如上面举的例子 $f(x) = -2x^3 + 1.5x + 0.5$，如果把

$$x^* = 0.76069$$

代入(注：这是一个近似值)，迭代得到的还是 $x = 0.76069$，所以 0.76069 是这个 $f(x)$ 的一个不动点.

有些迭代有不动点，有些迭代没有不动点.再举一些简单的例子.如果 $f(x) = x^2$，那么 1 代进去还得到 1，所以 1 是 $f(x)$ 的不动点；如果 $f(x) = x$，那么不管什么数代进去，得出来的还是原来的数没有动，所以所有的数都是 $f(x)$ 的不动点；如果 $f(x) = x + 1$，那么不管什么数代进去，算出来的数总比代进去的数大了 1，所以 $f(x)$ 没有不动点.但是，$[0,1]$ 区间到 $[0,1]$ 区间的(连续)迭代一定有不动点.如果你学过初等微积分中的介值定理，你就很容易自己证明这一个论断.

上面说的，归纳起来就是：有些点经过一次迭代跑到别的地方去了，这样的点不是不动点；有些点经过一次迭代还停留在原地不动，这样的点叫作不动点.

不动点因为经过迭代保持不动，所以比较容易把握.如果 x 代表一个生态环境中某种生物所占的百分比，$x' = f(x)$ 代表经过一代繁殖以后这种生物所占的百分比，那么，x^* 是 $f(x)$ 的不动点，就意味着在这个生态环境中，x^* 是那种生物的稳定的百分比值，这一代的百分比数是 x^* 的话，下一代也还是 x^* 这个百分比数.

由此，我们很自然认为不动点比较好，不是不动点就比较麻烦.好，是因为容易把握；不好，是因为不容易把握.可是，在不是不动点的

那些点里面，有没有相对来说容易把握一些的点呢？

有的，这就是所谓周期点. 例如前面说的那个迭代

$$f(x)=-2x^3+1.5x+0.5$$

0 代进去得 0.5，0.5 代进去得 1，1 代进去又得 0；接下去又是 0 代进去得 0.5，0.5 代进去得 1，1 代进去得 0；如此继续下去，总是 $0\to0.5\to1\to0\to0.5\to1\to0\to\cdots$ 这样周期性地循环下去，所以，0 叫作 $f(x)$ 的周期点. 0，经过三次迭代，又回到 0，所以 0 叫作 $f(x)$ 的一个 3 周期点. 一般来说，如果从 x_0 开始按照公式

$$x_n=f(x_{n-1})$$

迭代，经过一定次数迭代后又回到 x_0 这个地方来，x_0 就叫作 $f(x)$ 的**周期点**. 如果迭代 7 次回到原来地方，迭代次数小于 7 的话都不回到原来地方，这个周期点就叫作 7 周期点，它的周期为 7. 一般来说，如果从 x_0 开始按照 $x_n=f(x_{n-1})$ 迭代，迭代 k 次就回到原来的地方 x_0，但迭代次数小于 k 时都不回到原来的地方，x_0 就叫作 $f(x)$ 的 **k 周期点**，它的**周期**为 k.

周期点虽然不如不动点那么稳定，但因为呈现周期性质，所以也是比较容易把握的，因此也应当归到“好”的点里面去. 例如，在某个生态环境中，一种生物所占的百分比一代一代按照 0.3，0.6，0.5，0.3，0.6，0.5，0.3，… 这样变化，即按照 30%，60%，50%，30%，60%，50%，30%，… 这样变化，那么这种生物所占的百分比的变化规律也是清楚的.

最麻烦的，是那些不论迭代多少次都不回到原来地方的**非周期点**. 它们的规律真太难把握了.

1.4 沙可夫斯基走在前面

李天岩和约克的论文《周期三则乱七八糟》有一个重要的结论，那就是：如果一个具体的区间迭代

$$x_n=f(x_{n-1})\quad(n=1,2,3,\cdots)$$

有一个 3 周期点的话，那么它有一切周期点. 说得通俗一些就是：如果迭代 $x_n=f(x_{n-1})$ 有一个 3 周期的点的话，那么随便你想一个正整数 k，$x_n=f(x_{n-1})$ 这个迭代一定有一个周期为 k 的点. 也就是，如果有一

个点迭代3次回到原来地方的话，那么随便说一个正整数 k，一定可以找到一个点迭代 k 次回到原来地方，但迭代次数少于 k 的话，都不回到原来地方.

从数学上讲，一个迭代公式就反映一个动力系统，点由于迭代而产生的变化和发展情况是动力系统研究的主要对象. 李天岩和约克的研究证明，只要系统中有一个迭代 3 次才回到原处的点，这个系统就一定非常复杂：有些点迭代7次才回到原处，有些点迭代365次才回到原处，有些点迭代 1987 次才回到原处，有些点迭代 18401911194920003567 次才回到原处 …… 难怪，这样的系统真是乱七八糟. 迭代 3 次就回到原来地方，这种行为应该说是很好的. 谁能料到这么好的行为，却会伴随着产生那样错综复杂的后果呢? 李天岩和约克的论文把动力系统理论中相当好的一种现象和非常混乱的一种后果之间的必然的因果关系揭示出来了，使人们大吃一惊. 从此，研究混乱现象的理论 —— 混沌学，在李天岩和约克首先使用的称呼 chaos 之下，迅速发展起来.

有一位苏联学者曾经说过：美国数学界有什么进展的话，往往苏联人在 10 年以前就已经做出来了. 这句话说得不免过分，但《周期三则乱七八糟》的研究成果，却确实被这句话部分地言中了. 早在 20 世纪 60 年代，苏联一位不知名的学者沙可夫斯基在乌克兰等地一些鲜为人知的数学刊物上用俄文发表了一系列论文. 在其中一篇论文中，沙可夫斯基把所有自然数（正整数）按照一种奇特的方式重新排列起来：先自小而大排出除 1 以外的所有奇数

$$3,5,7,9,11,\cdots$$

接着是它们的 2 倍

$$3\times 2,5\times 2,7\times 2,9\times 2,11\times 2,\cdots$$

然后是 2^2 倍

$$3\times 2^2,5\times 2^2,7\times 2^2,9\times 2^2,11\times 2^2,\cdots$$

然后是 2^3 倍

$$3\times 2^3,5\times 2^3,7\times 2^3,9\times 2^3,11\times 2^3,\cdots$$

再然后是 2^4 倍，2^5 倍，2^6 倍，…；

最后由大到小排出 2 的所有方幂，直到

$$2^6=64, 2^5=32, 2^4=16, 2^3=8, 2^2=4, 2^1=2, 2^0=1$$

为止.

学过初中数学的读者很容易知道，沙可夫斯基的确把所有自然数都排列起来了. 因为一个自然数如果不能被 2 整除，就是奇数；如果能够被 2 整除，就要区分能否被 2“除到底”的情况，若能被 2“除到底”，就是 2 的方幂，若不能被 2“除到底”，就是 2 的某个方幂乘一个奇数. 所以，沙可夫斯基的确用他的奇特方式把所有自然数重新排列了次序：

$$3, 5, 7, 9, 11, \cdots$$
$$3\times 2, 5\times 2, 7\times 2, 9\times 2, 11\times 2, \cdots$$
$$3\times 2^2, 5\times 2^2, 7\times 2^2, 9\times 2^2, 11\times 2^2, \cdots$$
$$3\times 2^3, 5\times 2^3, 7\times 2^3, 9\times 2^3, 11\times 2^3, \cdots$$
$$\vdots$$
$$2^5, 2^4, 2^3, 2^2, 2^1, 2^0$$

自然数的这种奇特的次序，叫作**沙可夫斯基次序**.

对于连续的区间迭代，沙可夫斯基证明了，如果在沙可夫斯基次序中 m 在 n 的前面，那么有 m 周期点的话就一定有 n 周期点. 这就是著名的**沙可夫斯基定理**. 例如，$11\times 2^2=44$ 在 $3\times 2^3=24, 9\times 2^3=72, 3\times 2^{16}=196608, 2^4=16, 2^1=2$ 这些数前面，它们在沙可夫斯基次序中的排列是

$$44, 24, 72, 196608, 16, 2$$

如果某个区间迭代有一个周期是 44 的点的话，那么它一定有周期是 24 的点，周期是 72 的点，周期是 196608 的点，周期是 16 的点，周期是 2 的点.

按照沙可夫斯基次序，3 在所有自然数前面. 所以，根据沙可夫斯基定理，如果某个具体的区间迭代有一个周期是 3 的点的话，它就一定有周期是任意自然数的点. 可见，从沙可夫斯基定理可以推出李天岩和约克的“只要有 3 周期点，就乱七八糟什么周期点都会出现”的结论.

由此可见，李天岩和约克关于有 3 周期点则有一切周期点的结论只是早 11 年发表的沙可夫斯基定理的一个特例. 难怪有人说，苏联总

是产生数学的天才,他们走在社会要求之前.的确,沙可夫斯基在研究区间迭代的周期之间的关系时,世界上几乎还没有别人从周期之间的关系这个角度来关心区间迭代问题.说到底,在20世纪60年代,特别是60年代之初,国际学术界尚未意识到要从数学的角度探讨混乱现象的迫切性和可能性.从这个意义上说,沙可夫斯基可算是今日的混沌理论的"先知先觉".历史上,从沙皇俄国到苏联,像沙可夫斯基这样"先知先觉"的数学家时有出现,所以那个苏联学者说的话,并不是毫无根据的.或许正是由于走在社会要求之前(走在国际学术界的意识主流之前),加上论述又艰难繁冗,沙可夫斯基的发现几乎被人遗忘.一篇学术论文,从投稿开始,总要经过权威的学者一审二审通过,认为正确无误,才能根据投稿的先后次序和论文的价值大小排队等待发表.所以,沙可夫斯基一定向别的学者介绍过他的发现.在论文发表的前后,也一定有人仔细读过沙可夫斯基的这些论文.很可惜,当时学术界还未能认识沙可夫斯基的发现的巨大科学价值.说得通俗一点,就是人们还不理解沙可夫斯基为什么会有那么"古怪"的想法把自然数排成奇特的次序来表达迭代周期之间的因果关系.

一种可能是,沙可夫斯基20世纪60年代的这些论文没有引起多少人注意,人们只把它作为科学记录看待;另一种可能是,沙可夫斯基的这些论文曾引起一些学者的惊异,但人们无法理解论文的巨大价值,就只好把作者看作狂人.无论哪种情况,都可以用一句话来概括,就是火候未到,时机尚未成熟.直到11年以后,李天岩和约克以chaos(混沌)为题的醒目文章在国际学术界的注目之下出现,吸引了许多数学家和物理学家、生物学家的兴趣,这才有人重新"发现"了沙可夫斯基的先驱论文.1977年,即沙可夫斯基原来的论文发表整整13年以后,有人重新整理并且大大简化了沙可夫斯基定理的证明,把它介绍给西方数学家和学术界,才使得这项科学上的伟大发现避免了湮灭的危运.

沙可夫斯基定理长期不能得到广泛的认识和正确的评价,还有一个原因,就是它是用俄文发表在乌克兰的一个数学刊物上的.大家知道,当今世界上英语有逐渐成为国际通用的科学语言的趋向.这种现象有它的历史根源,并不是简单地强调一下科学语言本国化、民族化就能扭转这个趋势的.法国几百年来都是世界上首屈一指的科学大国,法语又被公认为最准确最合理的语言,但是历史发展到20世纪70—80年代,法国科学家用英语撰写和发表论文的也越来越多.虽然由科学界元老主持的法国科学院一再呼吁法国科学家应当用法语发表自己的学术论文,但是却基本上无法扭转越来越多学者和越来越多刊物用英语发表学术论文的趋势.

大多数学者都懂的语言是英语,这就是国际学术界的现实情况.所以,如果你取得了一项科研成果,要是用英文发表,就容易受到国际上同行的注意和较快产生影响,要是用其他文种发表,传播和得到承认的速度就慢.学术上的发明发现,领先权是非常重要的.中国鼓励自然科学工作者用英文或同时用中、英两种文字发表自己的科研成果,就是这个道理.这是有利于科学发展,有助于提高中国学术地位的一项措施.

但是,最重要的事情还是发表.只要及时发表了自己的创造性的科研成果,最后国际学术界还是会承认你的贡献的.沙可夫斯基的成就曾经被人冷落了十几年,但由于"白纸黑字"记录在案,终于还是得到了公认.科学史上,这样的例子是很多的.中国学者在这方面既有成功的经验又有痛心的教训.

大家知道,有限元方法是20世纪60年代在计算数学和应用数学方面的重大突破.正当中国经历"文化大革命"的十年浩劫时,其他国家在有限元方法的理论和应用方面都取得很大进展,在工程计算和工程设计的许多领域,有限元方法几乎成了灵丹妙药.

有限元方法究竟是谁发明的?原来,在20世纪60年代初,中国著名计算数学专家冯康教授就已经系统地提出了这种方法.但是由于当时中外学术交流不够发达,外国对中国冯康教授的创造知之甚少.差不多在同时,国外也有人独立地提出了有限元方法.随后,中国在"文化大革命"的十年浩劫中落后了,国外却前进了许多,这就更加助长了国外流行的一种看法:有限元方法的发明和发展,与中国学者的努力没有多大关系.

但是这不符合事实.中国学者据理力争,拿出冯康教授发表于1964年的论文作证.最后,国外有限元方法的权威们不得不承认,中国学者提出有限元方法,至少不比国外学者迟,冯康教授是有限元方法的理论奠基人之一.这样一个被公认的过程虽然拖了好久,但中国学者的争辩终于获得了胜利.冯康教授被邀请到1982年世界数学家大会上(延期到1983年召开)作规格很高的45分钟大会报告,为中国学术界争得了荣誉.

1983年,中国卓越的组合数学专家陆家羲因积劳过度,心力交瘁,不幸逝世,过早地结束了他年轻有为的生命.

20世纪60年代中期,陆家羲大学毕业后被分配到内蒙古一所中学任教.他在教学工作之余,潜心研究当时在国际上兴起不久的组合数学.功夫不负有心人,几年以后,他证明了组合数学的一条重要定理.他把自己的研究成果整理成一篇学术论文,投到一份数学刊物中去.

当时,中国研究组合数学的人还极少,人们对陆家羲的工作还不理解.直截了当地说,有关方面看不懂陆家羲的论文.本来,一下子看不懂也不要紧.如果陆家羲已经是一个教授,他们也许会重视一些,一次看不懂再看一次,总是可以给予一个基本公正的评价的.或者,只要陆家羲已经在某个研究所或大学工作,人们也会重视一些.偏偏陆家羲只是一个普通的中学教员,所以,他的投稿遭到了否定的厄运.这也不奇怪,当时,“四人帮”对科学研究的干扰还很大.陆家羲的论文,又不是从庸俗水平的“应用”的角度写的,当然是很容易被否定的.就这样,这项研究成果被压了差不多八年,得不到承认,得不到发表的机会.后来,陆家羲从国外的《组合数学》杂志上知道,国外的数学家也证明了同样的定理,虽然他们做出这项研究成果比陆家羲晚好几年,但他们发表研究成果却很快,所以,这个定理就被冠以外国人的名字.这是多么令人感到痛心的事!这不但是陆家羲的损失,也是中国数学界的损失,而且是可怕的人为的损失.

这件事对陆家羲的打击很大,但他并没有气馁.他在极端困难的条件下顽强拼搏,终于又做出了好几项重大的科研成果.1983年,美国《组合数学》杂志破格地连续刊登陆家羲的一组学术论文,对陆家羲的工作给予很高的评价.当年在武汉召开的中国数学会第二次代表大会特邀陆家羲到会报告自己的科研成果.会上,陆家羲与中国数学界许多优秀学者一起交流研究心得,探讨新的课题.时代在前进."四人帮"笼罩在学术界上的阴霾已经扫净,展现在陆家羲面前的是多年艰苦劳动换来的美好前景.可是,这一切都来得太晚了!从武汉回到自己的中学没有几天,陆家羲因心力交瘁突然病逝.他带着满腔的激情和许多创造性的想法,永远离开了我们,正值人们通常所说的40多岁的"年富力强"的年龄!

中国国家自然科学奖励委员会在1988年3月发表公告,将中国自然科学的最高奖授予陆家羲先生关于不相交斯坦纳三元系大集的研究成果.知道陆家羲的人,能不感慨系之!

1.5 周期三的麻烦

前面已经说了,如果某个(连续的)区间迭代 $x_n = f(x_{n-1})$ 有一个3周期点的话,这个区间迭代就一定有一切周期点.这里,"一切"指的是一切自然数.这个科学事实,最早是沙可夫斯基在1964年(按发表年份计)发现的,后来李天岩和约克在1975年又重新发现了它.李天岩自己把文章的题目汉译为《周期三则乱七八糟》.在此之前,中国一些学者把李天岩和约克那篇文章的题目译为比较文雅的《周期三蕴涵着混沌》.看起来都有这样的意思:周期3就意味着麻烦.

周期3为什么要惹麻烦?这一节我们先作一些初步的说明.

$x_n = f(x_{n-1})$ 是[0,1]区间到[0,1]区间的迭代.假如 x_0 是这个迭代的3周期点,那么,$x_1 = f(x_0)$ 不等于 x_0,$x_2 = f(x_1)$ 既不等于 x_0 又不等于 x_1,x_3 则回到 x_0,即 $x_3 = f(x_2) = x_0$.把这些点在区间[0,1]上画下来,就得到图1-1,其中箭头表示迭代一次.x_0 经过一次迭代到 x_1,x_1 经过一次迭代到 x_2,x_2 经过一次迭代回到 x_0.所以,x_0 经过三次迭代,回到原来地方.

正因为 x_0 经过三次迭代才回到 x_0,所以叫作3周期点.仔细看看下面画的图,你就会发现,x_1 也是3周期点,因为从 x_1 开始的话,迭代一次到达 x_2,迭代两次到达 x_0,迭代三次才回到 x_1.同样的道理,x_2 也是3周期点(图1-1).所以,至少有3个3周期点.

既然迭代 $x_n = f(x_{n-1})$ 有3周期点,它就有一切周期点.首先,它有5周期点.设 x_0 是一个5周期点,把它画在区间[0,1]上,就得到下

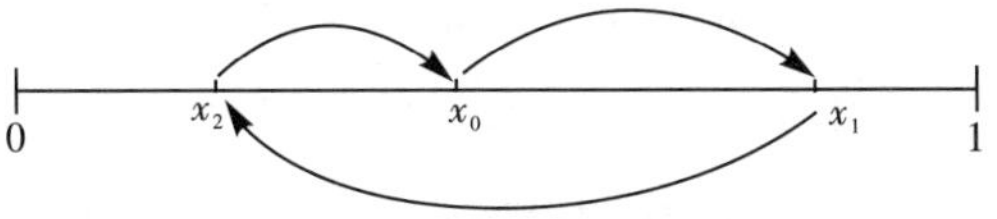

图 1-1　3 周期点

面的图,箭头的意思和前面说的一样. x_0 经过一次迭代到 x_1,经过两次迭代到 x_2,经过三次迭代到 x_3,经过四次迭代到 x_4,经过五次迭代才回到 x_0. 分析一下这张图,你就知道,不但 x_0 是 5 周期点,x_1,x_2,x_3,x_4 也都是 5 周期点(图 1-2).

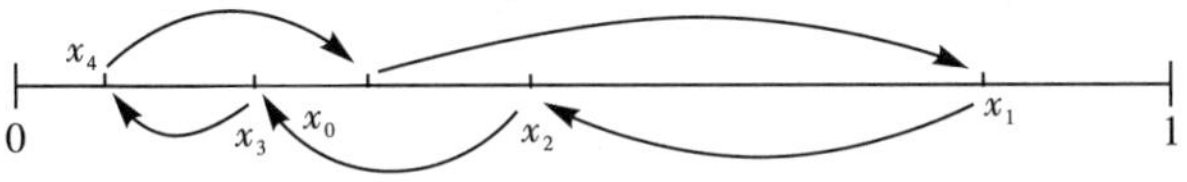

图 1-2　5 周期点

说到这里,你就会明白,3 周期点一定是 3 个 3 个地出现的,5 周期点一定是 5 个 5 个地出现的. 同样,18 周期点就 18 个 18 个地出现,n 周期点就 n 个 n 个地出现.

这些周期点会不会重叠呢?不会.

首先,由一个 n 周期点按照上面两个图所说的方式产生的一组 n 个 n 周期点都是互不相同的点,它们之间没有重叠. 以 $n = 5$ 为例,如果 x_0 是 5 周期点,迭代一次得 x_1,迭代两次得 x_2,迭代 3 次得 x_3;迭代 4 次得 x_4,迭代 5 次回到 x_0,所以 x_0,x_1,x_2,x_3,x_4 这一组 5 个 5 周期点都可以由一个 5 周期点 x_0 经过迭代得到. 倘若这一组 5 个点有重叠,比方说 $x_1 = x_3$,那么从 x_0 迭代一次到 x_1 后再迭代一次应该到哪里呢?从下面的图 1-3 可以看到,倘若 $x_1 = x_3$ 的话,走到 $x_1 = x_3$ 后究

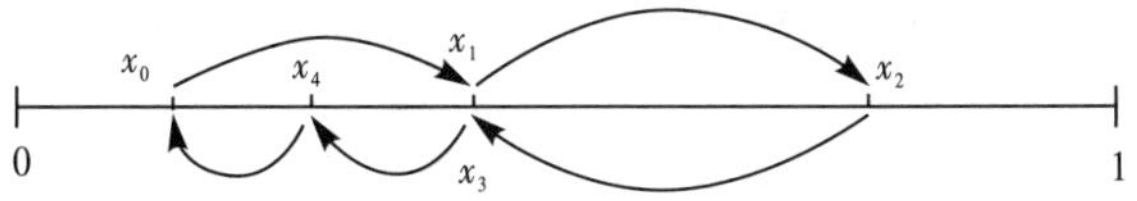

图 1-3　重叠产生矛盾

竟再往哪里走,就不确定了. 似乎可以走到 x_2,似乎又可以走到 x_4,无所适从. 那么,是否应该产生这种无所适从的情况呢?这是不应该的. 因为 $x_n = f(x_{n-1})$ 是一个很明确的迭代公式,一个点从公式右边送进去迭代,左边就算出唯一的一个点来. 现在你把 x_1(也就是 x_3)送进去

迭代，既可走到 x_2，又可走到 x_4，就和 $x_n = f(x_{n-1})$ 是一个很明确的迭代公式的事实发生矛盾了. 这样，我们就用这个矛盾按照反证法证明了 $x_1 = x_3$ 是不可能的. 同样的逻辑推理也适用于证明 x_0, x_1, x_2, x_3, x_4 中任何两点都是不重叠的.

其次，对于同一个自然数 n，两组不同的 n 周期点也不会重叠. 为了画图方便，我们只看 $n = 3$ 的例子，n 等于别的自然数时，道理是完全一样的. 如图 1-4 所示，设 x_0, x_1, x_2 是一组 3 周期点，x'_0, x'_1, x'_2 是另一组 3 周期点. 倘若这两组不同的 3 周期点有一处重叠，比方说 $x'_0 = x_1$，那么迭代到达这个点以后，既可以按照实线（第一组）走到 x_2，又可以按照虚线（第二组）走到 x'_1. 这就是说，同一点经过迭代竟然可以得出两个答案，这与迭代公式 $x_n = f(x_{n-1})$ 的单值性不符. 所以，$x'_0 = x_1$ 是不可能的. 同样的逻辑推理说明，两组不同的 3 周期点在任何地方都不能重叠. 对别的自然数 n，也可以用同样的方法证明两组不同的 n 周期点互不重叠.

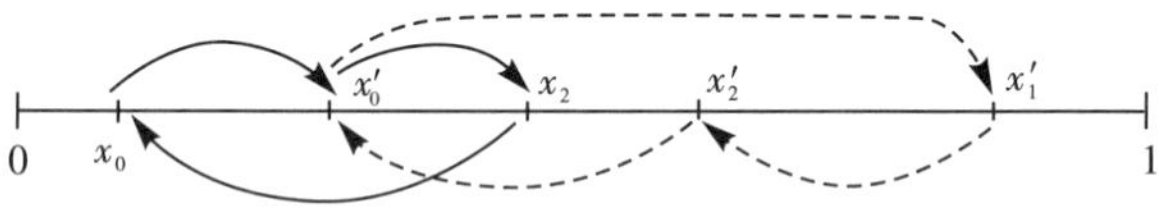

图 1-4　两组不同的 3 周期点不重叠

上面我们用了一个名词：单值性. 准确地说，函数 $f(x)$ 或迭代公式 $x_n = f(x_{n-1})$ 的单值性指的是：送进去一个 x，就算出一个 $f(x)$ 值；送进去一个 x_{n-1}，就算出一个 x_n 值. 从中学到大学，从初中代数到大学微积分，都要求所讨论的函数或迭代公式具有单值性，不允许出现送进去一个自变量，既可以算出这个函数值又可以算出那个函数值的模棱两可的情况.

前面说了同一组 n 周期点互不重叠，又说了不同组的 n 周期点互不重叠. 现在我们要进一步说明，如果 m 和 n 是两个不同的自然数，那么 m 周期点和 n 周期点一定不会重叠. 换句话说，没有一个点可以既是 m 周期点，又是 n 周期点.

为什么呢？比方说 $m = 4$，$n = 3$，m 和 n 不相等. 倘若一组 4 周期点 x_0, x_1, x_2, x_3 和一组 3 周期点 x_0', x_1', x_2' 有重叠，比方说 x_2' 和 x_1 重

叠在一点如图1-5所示,那么把这点送到迭代公式中去,既可以沿4周期的实线得到 x_2,又可以沿3周期的虚线走到 x_0',这又导致模棱两可的情形,违反了迭代公式 $x_n = f(x_{n-1})$ 的单值性. 所以,$x_2' = x_1$ 是不可能的. 推而广之,只要自然数 m 和 n 不相等,没有一个点可以既是 m 周期点又是 n 周期点.

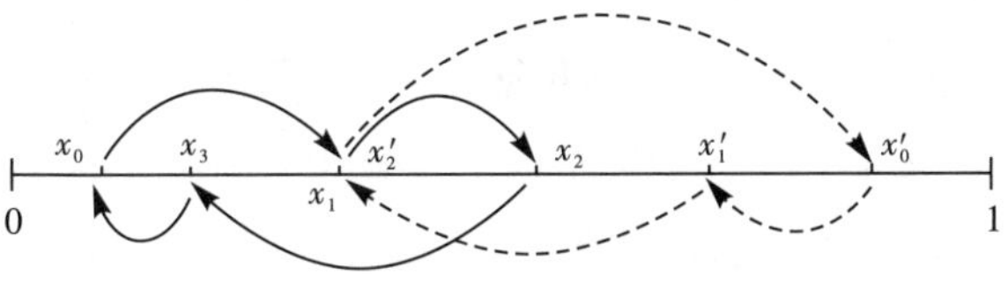

图 1-5　周期不同的两组周期点不重叠

综上所述,3周期点都是3个3个地出现的,5周期点都是5个5个地出现的,n 周期点都是 n 个 n 个地出现的,并且,它们互不重复,即没有重叠.

现在,我们可以来揣摩一下周期3为什么会蕴涵着麻烦. 假如一个系统有一个周期为3的点,那么它就有一切周期的点. 对于任意的自然数 n,我们都知道 n 周期点的数目是 n 的倍数,并且至少是 n. 由此可见,当我们说这个系统"有一切周期的点"这样一句轻巧的话的时候,这些点的数目是沙可夫斯基次序

3	5	7	9	11	…
3×2	5×2	7×2	9×2	11×2	…
3×2^2	5×2^2	7×2^2	9×2^2	11×2^2	…
3×2^3	5×2^3	7×2^3	9×2^3	11×2^3	…
$\cdots 2^5$	2^4	2^3	2^2	2^1	1

中所有的数各乘一个倍数再通加起来的总和!即使每种周期点只有一组,也就是说,即使 n 周期点只有 n 个,这些点的数目也是沙可夫斯基次序中所有自然数的总和!这真是比天文数字还大的数目.

这么多不同的周期点密密麻麻地安排在短短的一段[0,1]区间里面,人们自然会想象(只是一种想象,一种可能!)它们是错综复杂地间插在一起的. 在一个3周期点旁边一点点,说不定就会有一个1989周期点,在一个7周期点旁边一点点,说不定就会有一个以1000008356为周期的点.(这几行文字的朴素推想,将会在第五章第

三节得到提炼和修正.）这样的系统，确实是难以把握的. 在这样的系统里，随时随地都有“差之毫厘，谬以千里”的危险，岂不是麻烦！

让我们再举一个生物学上的例子. 假设 $x_n = f(x_{n-1})$ 表示某种生物在一个生态环境中所占的百分比份额一代一代变化的规律. 如果迭代公式 $x_n = f(x_{n-1})$ 有一个 3 周期点，那么它就有一切周期点. 所以，它有 2 周期点. 比方说有一组 2 周期点是 0.4 和 0.7，如图 1-6 所示，那就是说如果这种生物今年占的份额是 40%，明年就是 70%，后年又是 40%，大后年又是 70%，这样往复循环，显得很有规律. 某些果树的结实有大年小年交错的现象，就类似这样的 2 周期点.

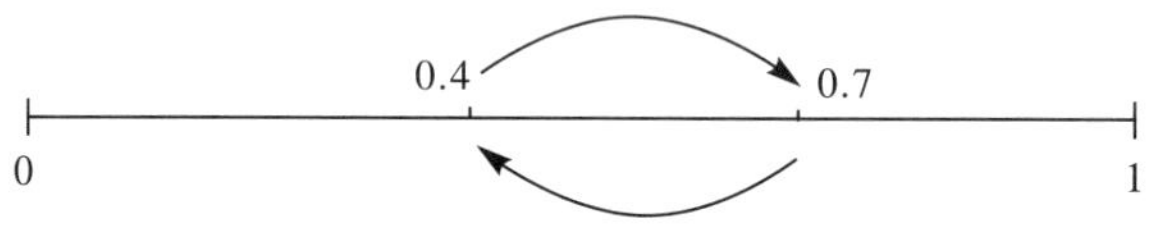

图 1-6　2 周期生物系统的迭代表示

有 3 周期点就有一切周期点，当然就有 1 周期点. 什么是 1 周期点？就是迭代一次就回到原处的点. 实际上也不是什么“回到”，而是根本没有动，这个数在迭代之前和迭代之后完全一样. 可见，1 周期点就是我们在前面讲过的所谓不动点. 不动点比 2 周期点更好. 比方说 0.6 是上述迭代 $x_n = f(x_{n-1})$ 的一个不动点，那就是说，如果这种生物今年所占的份额是 60%，那么明年也是 60%，后年还是 60%，大后年仍然是 60%. 所以，60% 是这种生物的稳定值.

发现 0.6 这个不动点即 1 周期点以后，很自然我们想把这种生物在生态系统中所占的百分比份额控制到 60%. 如果我们成功了，这种生物在所处的生态环境中的份额将一代一代都处于稳定状态. 如果这种生物是果树，就意味着每年我们都能得到稳定的收获量；如果这种生物是磷虾，就意味着每年我们都按目前的捕捞量捕捞的话，不必担心资源枯竭或减少. 这是多么好的情景. 归根到底，人类总是冀求一个稳定的环境.

然而，我们能够做到把这种生物的份额控制在 0.6 吗？看起来容易，做起来却不是那么回事，甚至有许多危险. 为什么呢？因为去年这种生物所占的份额是多少，今年这种生物所占的份额是多少，都是人类对自然对象测量统计的结果．既然是测量统计，就一定有误差．绝对准确的 60% 是没有的，只能说 60% 左右．或者规定误差范围，比如说 60%，误差不超过万分之一，等等．既然有误差，在这个因为有 3 周期点所以“差之毫厘，谬以千里”的系统里，就难以做到控制在 60%．因为那么多（天文数字的天文数字！）不同的周期点密密麻麻地挤在[0，1]这么一小段区间里，所以不动点 0.6 旁边一点点，很可能有周期超过 10 万的点，有周期超过百亿的点．你以为自己测得 0.6000000000000 已经很准确了，不晓得它其实是（比如说）0.600000000000001 的近似值，而这个 0.600000000000001 却是一个周期超过百亿的点．结果你前功尽弃．虽然在 0.6 后辛辛苦苦再精确到 12 个零，却不知道 14 个零后面有一个小小的 1 在等着你．你以为明年这种生物的份额可以保证在 0.6 的水平，却不知道其实是掉到非常靠近 0.6 的一个周期超过百亿的陷阱里，明年究竟如何，仍然是一个“天晓得”的谜．

可见，有 3 周期点的系统，不是好对付的．人们在这样的系统里，很容易陷入迷魂阵！遇上这样的麻烦，你可要小心．

1.6　混沌的深刻含义

前面我们说了，李天岩和约克在 1975 年发表的“有 3 周期点则有一切周期点”的定理是 1964 年发表的沙可夫斯基定理的一个特例．如果由此以为李天岩和约克的研究只是重复沙可夫斯基的研究，没有什么了不起，那就大错而特错了．有 3 周期点就有一切周期点，这只是“混沌”的一个方面．李天岩和约克所说的“乱七八糟”还有更深刻的含义，而这恰恰是沙可夫斯基未曾揭示的．

这一节将通俗地介绍混沌的深刻含义．头一次阅读本书的读者，也可以以后回过头来再看这一节的内容．

李天岩和约克在《周期三则乱七八糟》中明确地刻画了“混沌”的数学含义，那就是：

设 $f(x)$ 是[0，1]区间到[0，1]区间的一个连续函数．如果迭代 $x_n=f(x_{n-1})$ 具有下列性质，就说它有混沌现象：

(1) 迭代 $x_n=f(x_{n-1})$ 的周期点的周期无上限；

(2) 区间[0,1]有一个“不可数”子集 S,使得:

1° 对于 S 中任意不同的两点 x_0 和 y_0,考虑迭代序列 $x_n = f(x_{n-1})$ 和 $y_n = f(y_{n-1})$,$n = 1,2,3,\cdots$,当 n 趋于无穷大时,它们之间的距离 $|x_n - y_n|$ 的上极限大于 0,下极限等于 0;

2° 设 y_0 是迭代的任意一个周期点而 x_0 是 S 中的任意一点,考虑迭代序列 $x_n = f(x_{n-1})$ 和 $y_n = f(y_{n-1})$,$n = 1,2,3,\cdots$,当 n 趋于无穷大时,它们之间的距离 $|x_n - y_n|$ 的上极限大于 0.

现在,我们就来逐条解释混沌的含义.

什么叫迭代的周期点,我们已经比较熟悉了.说 x 是一个周期点,x 总有一个具体的周期,比方说 x 是一个 7 周期点,或 x 是一个 k 周期点,等等.当然,如果 x 是一个 k 周期点,k 就是周期点 x 的周期.所以,(1)“迭代 $x_n = f(x_{n-1})$ 的周期点的周期无上限”指的是可以找到周期很大很大的周期点,可以找到周期任意大的周期点.所谓任意大,就是比预先规定的任何有限数都大.因为自然数都是有限数,所以“任意大”也就是比预先指定的任何自然数都大.比方你认为一万很大了,我可以找到一个周期是一万零一的周期点;你认为一百亿很大了,我可以找到一个周期比一百亿还大的周期点.换句话说,无法确定一个(哪怕是很大的)自然数 N 使得所有周期点的周期都不超过 N.这就是“周期无上限”的意思.

每一个具体的自然数是有限的,但一切自然数的总体是无上限的.既然有 3 周期点就有一切周期点,所以有 3 周期点的迭代系统是符合性质(1)的.按照沙可夫斯基定理,有 5 周期点的系统也符合(1),有 7 周期点的系统同样符合(1).事实上,只要能找到一个周期点,它的周期是沙可夫斯基次序

$$
\begin{array}{llll}
[3, & 5, & 7, & \cdots \\
3\times 2, & 5\times 2, & 7\times 2, & \cdots \\
3\times 2^2 & 5\times 2^2, & 7\times 2^2, & \cdots] \\
\cdots & 2^5, 2^4, 2^3, 2^2, 2^1, 1 & &
\end{array}
$$

中有奇数因子的任意一个数([ ]部分的任一个数),那么这个系统一定有所有 2 的方幂

$$\cdots\ 2^5, 2^4, 2^3, 2^2, 2^1, 2^0 = 1$$

的周期点.别小看了这行数字.因为这行数字包括了2的所有方幂,所以这行自然数是无上限的.由此可见,只要能在系统中发现一个周期点其周期中含有一个奇数因子(例如发现一个周期点的周期是 $8\ 912\ 896 = 17 \times 2^{19}$ 含有奇数17这个因子),这个系统就符合(1),即这个系统中有周期任意大的周期点.相反,如果只能找到无奇数因子周期的周期点,虽然这些周期可能很大(比如 $2^{23} = 8\ 388\ 608$ 或 2^{10000}),但不能肯定在系统中有周期更大的周期点(不能肯定有周期比 2^{23} 或 2^{10000} 更大的周期点),所以也不能说明这个系统符合(1).

现在来看条件(2).首先,根据2°,S中的点没有一个是周期点.为什么呢?我们用反证法.假如S中有一个周期点,把它叫作x_0.现在,取y_0就等于这个x_0,那么y_0和x_0这一对点符合2°中所说的"y_0是迭代的一个周期点而x_0是S中的一点".这时,因为$x_0 = y_0$,所以我们总有$x_1 = y_1, x_2 = y_2, x_3 = y_3, \cdots$.也就是说,对于所有$n$,$|x_n - y_n|$总等于0.这样一来,当$n$趋于无穷大时,$|x_n - y_n|$的上、下极限(下面会比较细致地说明什么是上、下极限)都等于0,就不符合2°的结论"$|x_n - y_n|$的上极限大于0"了.这个矛盾说明,符合1°和2°的集合S中的点,都不是迭代的周期点.

(2)说S是一个不可数的集合.这是什么意思呢?在数学上,如果我们能够把集合S中的所有元素按照1,2,3,…这样的自然数的顺序都编上号码,那么集合S就叫作是可数的.编上号码1,可以记作s_1,编上号码2,记作s_2,…,编上号码n,就记作s_n.这样的话,我们也可以说:如果$S = \{s_1, s_2, s_3, \cdots\}$,即集合$S$是由编了号的$s_1, s_2, s_3$这些元素组成的,就说$S$是可数的集合.这时,也说集合$S$中元素的数目是可数的.

很明显,所有自然数所组成的集合就是一个可数的集合.另外,所有整数组成的集合也是一个可数的集合,因为我们可以把所有整数这样排列起来,就一个也漏不掉了:

$$s_1 = 0$$

$$s_2 = 1$$

$$s_3 = -1$$

$$s_4 = 2$$

$$s_5 = -2$$

$$s_6 = 3$$

$$s_7 = -3$$

$$\vdots$$

以下的规律是十分清楚的.

[0,1]区间上的所有有理数组成的集合也是可数的.因为有理数就是可以表示成分子分母都是整数的分数的数,在[0,1]区间里的有理数,分子都不超过分母,所以我们可以采取这样的排列方法:先排0和1;再排上分母为2的有理数,只有一个1/2(0/2 = 0,2/2 = 1都不用再排);再排上分母为3的有理数,只有2个,一个是1/3,一个是2/3(0/3 = 0,3/3 = 1都不用再排);接下去排上分母为4的尚未排到的有理数,共有2个:1/4和3/4(2/4 = 1/2已排过),反正不超过3个;接下去排分母为5的尚未排到的有理数,不超过4个……这样一直做下去,轮到排分母为k的尚未排过的有理数时,这样的有理数不超过$k-1$个.采用这种方法,我们就把[0,1]之间的所有有理数都按$s_1, s_2, s_3, \cdots$的顺序排列好了,没有漏掉一个,所以[0,1]区间上的有理数的全体,组成一个可数的集合.

特别值得一提的是,如果你有可数多个集合,每个集合中有可数多个元素,那么,把所有这些集合的所有元素放在一起,组成一个大的集合,这个大集合还是可数的.用一句通俗的话来说就是:可数个可数的集合放在一起,还是一个可数的集合.为了证明这一结论,我们把第一个集合中的元素记作$s_{11}, s_{12}, s_{13}, \cdots$,把第二个集合中的元素记作$s_{21}, s_{22}, s_{23}, \cdots$,依次类推.这样一来,首先可以将这许多集合中的所有元素排成一个右方和下方无限延长的方阵(见下页).

然后采取方阵中箭头所表示的次序把这所有元素全部重新编排次序,就能做到一个不漏.这就证明了:可数个可数的集合放在一起,还是一个可数的集合.

利用这个结论,我们可以推知:全体有理数组成的集合,是可数的集合.因为数轴上的所有有理数,可以分成两个相邻的整数所分割的区间这样一段一段.很清楚,这样一段一段的区间的数目是可数的,每一段中的有理数的数目都和[0,1]区间中的有理数的数目是一样的

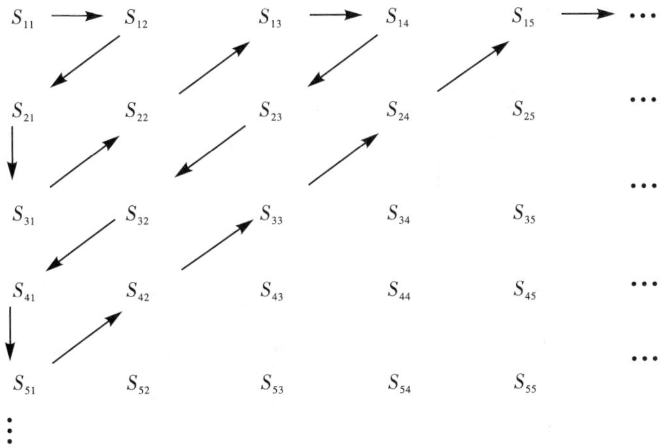

（设 x 是[0,1]中的有理数，$n+x$ 就是[n,$n+1$]中的有理数；反之，设 x 是[n,$n+1$]中的有理数，$x-n$ 就是[0,1]中的有理数. 所以[n,$n+1$]中有理数数目和[0,1]中有理数数目一样），但已知[0,1]中的有理数的数目是可数的，所以，数轴上全体有理数的集合，是可数多个的集合放在一起所形成的集合，它也是可数的. 这就证明了，有理数的全体是可数的.

那么，什么叫作不可数的集合呢？如果我们不能够把集合 S 中的所有元素按照自然数的顺序都编上号码，就说集合 S 是不可数的. 这时，也说集合 S 中的元素的数目是不可数的.

我们也举些常见的例子. 首先，实数的全体组成一个不可数的集合. 为了证明这一点，我们只需证明[0,1]区间中所有实数组成的集合不可数就可以了，因为[0,1]这一段都数不过来，怎么可能把整个数轴上的点都数过来呢！

我们也用反证法. 假定你说[0,1]区间内所有点（在数轴上，数就是点）是可数的，并且已经把它们都编了顺序，成为 t_1，t_2，t_3，t_4，… 这样的序列. 我要找出你的破绽来，证明你是吹牛.

我们将[0,1]区间三等分，三个小区间里一定有一个不包含 t_1，把这个小区间记作再把 I_1. 再把 I_1 区间三等分，又一定有一个更小的区间不包含 t_2，把它记作 I_2. 这样一次一次做下去，我们得到一串一个套一个的区间套（图 1-7）.

$$I_1, I_2, I_3, \cdots$$

它们具有如下的性质：区间 I_n 的长度是 3^n 分之一；区间 I_n 中不包

含 t_n 这个点.

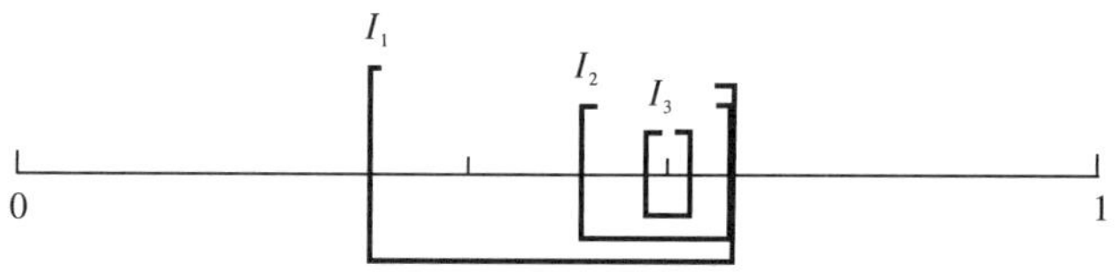

图 1-7　三分区间套

这样的区间套套住[0,1]区间上的一个点 t^*(图中黑圆点),这个 t^* 就是你未曾编过号的. 何以见得?如果你曾经把 t^* 编号,编号为 N,那就是说 $t_N=t^*$. 现在,t^* 被所有区间 $I_1,I_2,I_3,\cdots$ 套住,当然也被 I_N 套住. 但根据区间的做法,I_N 是不包含 $t_N=t^*$ 的. 这个矛盾说明:你以为自己把[0,1]区间上的所有点都编了号了,殊不知其实漏掉了许多点;你以为有办法把[0,1]区间上的所有点都编上号,不知道这是不可能做到的事情.

[0,1]区间中的所有无理数,也组成一个不可数的集合. 因为前面已经证明[0,1]中全部有理数是可数的,如果[0,1]中的全部无理数也是可数的话,我们按照下面箭头表示的次序,就将能把[0,1]中的全部实数编上号(实数无非是有理数和无理数两种),就会导致与[0,1]中全体实数构成不可数集合的事实矛盾.

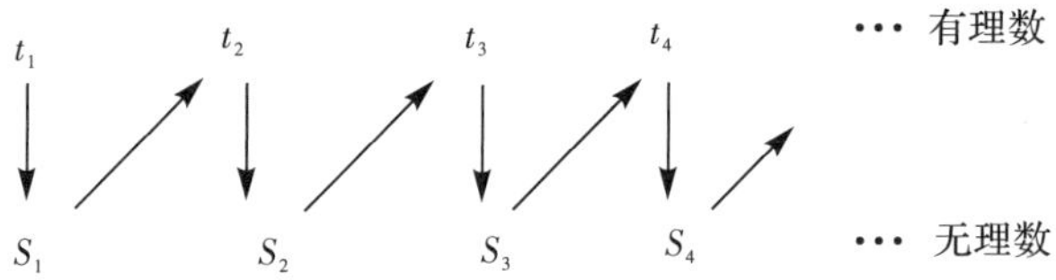

从上面的初步讨论可以知道,集合的元素同样是无限多的话,还有可数与不可数之分. 可数,就是给你无限长的时间的话,你可以把集合中的所有元素都数过来;不可数,就是哪怕时间无限长,也不可能数到集合中的所有元素. 可见,同样是无限多,不可数集合中的元素比可数集合中的元素还要多得多. 特别地我们知道了,无理数比有理数多得多.

按照"混沌"现象的定义,S 是一个不可数的集合. 首先我们就知道,不是周期点的集合是不可数的,因为 S 里的点都不是周期点. 我们再进一步分析一下 2° 和 1° 的含义.

1°说，设 x_0 和 y_0 是 S 中任意两个不同的点，那么按照 $x_n = f(x_{n-1})$ 和 $y_n = f(y_{n-1})$，逐次迭代后的距离 $|x_n - y_n|$ 的上极限大于0，下极限小于0. 这是什么意思？

如图1-8所示，x_0 经过一次迭代到 $x_1 = f(x_0)$，经过两次迭代到 x_2，…；同样，y_0 经过一次迭代到 y_1，经过两次迭代到 y_2，…，如此一直迭代下去. 在这个无穷的迭代过程中，从 x_0 出发的"足迹"x_0，x_1，… 和从 y_0 出发的足迹 y_0，y_1… 之间的距离也在不断变化. 在图上，我们用粗实线依次画出了相应的距离 $|x_0 - y_0|$，$|x_1 - y_1|$，$|x_2 - y_2|$，…. 很明显，$|x_n - y_n|$ 反映同是迭代 n 次后从 x_0 出发的"足迹"和从 y_0 出发的"足迹"相距多远.

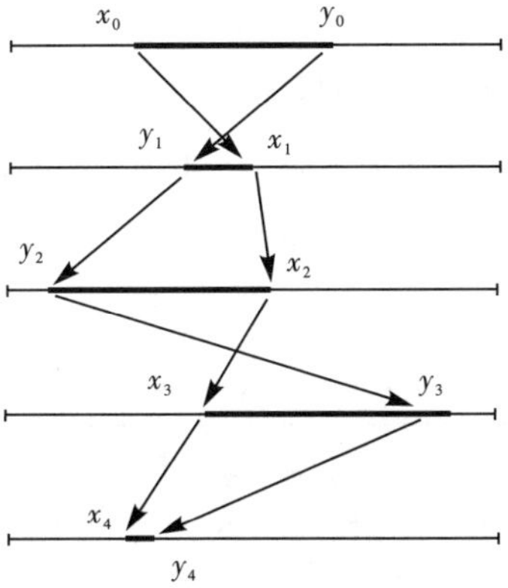

图1-8 两点同步迭代的距离变化

距离总不会是负数. 另一方面，因为 x_n 和 y_n 都在[0,1]区间里，所以距离也不会超过1. 由此可见，$0 \leqslant |x_n - y_n| \leqslant 1$. 如果把距离 $|x_n - y_n|$ 随着迭代次数 n 变化的情况画在一张图上，就得到图1-9. 这是一张示意图，在 n 方向是先疏后密的，并不完全按照一样的比例画，表示距离的竖线也是先粗后细.

利用这张图，可以说明什么是 $|x_n - y_n|$ 的上极限和下极限. 在图上，上极限位于0.3的地方，那就是说，在 n 趋向于无穷大的过程中，一直都有一些距离和0.3这个上极限很靠近. 图上用虚线画了一个包围上极限的越来越窄的区域 U，不管 n 已经大到什么程度，总可以找到一些更大的 n，使得距离 $|x_n - y_n|$ 进入 U 这个上极限区域. 同样，下极限等于0就是说，在 n 趋向于无穷大的过程中，一直都还会有一些距

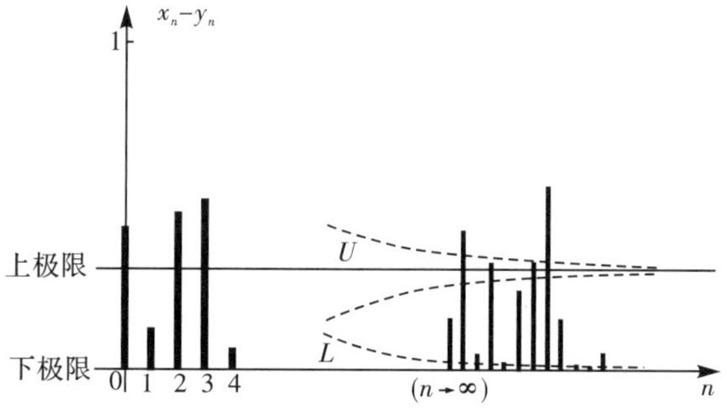

图 1-9　同步迭代距离变化

离进入 L 这个与 0 靠得很近的区域.

从数学上说,上极限和下极限之间还可以有"中极限",图 1-10 就是一个有上极限、下极限和两个"中极限"的例子. 有时候没有"中极限",有时候有一个或几个"中极限",有时候有无穷多个(甚至不可数那么多)"中极限". 但是对于区间迭代问题来说,最重要的是上极限和下极限,就是图 1-10 中最上面的"极限"和最下面的"极限".

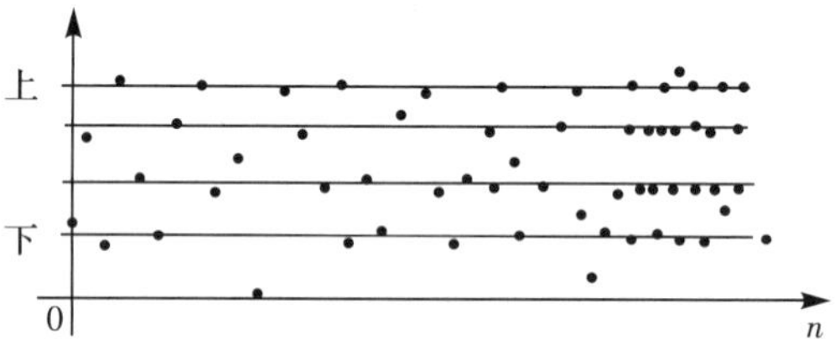

图 1-10　两个"中极限"的例子

根据 1°,距离 $|x_n - y_n|$ 的下极限等于 0,就是说当迭代进行下去时,两个迭代序列的距离有一种无限接近的趋势. 虽然距离不会等于 0(为什么?读者可自己思考),但是总有越走越近的时候,要多么接近就有多么接近. 但是另一方面,距离 $|x_n - y_n|$ 的上极限大于 0. 大于 0,就是一个正数. 比如说上极限等于 0.1,就是说不论迭代进行了多久,两个迭代序列总还是要无数次地相距 0.1 这么远. 不要以为 0.1 很小. 从数学的观点来说,只要是一个固定的正数,不管是 0.1 还是百万分之一,都不是一个"小" 的数,常常会导致非常"大" 的后果.

综上所述,从 S 这个集合中任意两个不相同的点 x_0 和 y_0 开始的迭代序列,有时候趋于接近,有时候趋于远离(哪怕只远离 0.1 或百万分之一!),在迭代的过程中接近和远离这两种状态一直交替地进行,一会儿靠得很近,一会儿离得相当远,行踪飘逸不定.

再来看看 2° 是什么意思. 根据 2°,设 x_0 是集合 S 中的一个点,则不论 y_0 是哪一个周期点,从 x_0 开始的迭代序列和从 y_0 开始的迭代序列的距离 $|x_n - y_n|$ 的上极限都大于 0. 这也就是说,在迭代的过程中,从 x_0 开始的迭代序列总不会老老实实地接近周期点,总是有一种远离的趋向. 通俗地说就是,S 中的点,不仅不是周期点,而且也不肯向周期点靠拢!

集合 S 中的点,行为就是这么古怪,会给我们带来许多麻烦. 而且,这样的点很多,达到不可数那么多,比所有自然数和所有有理数还多. 这一切,就是区间迭代的"混沌现象"的准确的数学含义. 李天岩和约克在 1975 年发表的《周期三则乱七八糟》这篇论文中首次精辟地提炼了"混沌现象"的数学概念,算得上是科学史或人类认识史上的一件大事.

二　生物:生物科学和医学中的混沌理论

2.1　物理学家梅教授“自我消失”

混沌理论或混沌学的发展过程中,有许多戏剧性的故事.成功之路仿佛是由众多机遇所组成,更深入的观察会使你感到坚实的科学修养、广泛的跨学科的科学兴趣和具有洞察力的科学决断是多么重要,三者缺一不可.生物科学圈子中混沌学的代表人物罗伯特·梅(R. May)的经历,是一个很有教育意义的典型例子.

罗伯特·梅1936年生于澳大利亚的悉尼市,1952年毕业于悉尼男子中学.随后,他升入悉尼大学,1956年物理学本科毕业,取得学士学位,并得到成绩优异的学校金奖.他继续在悉尼大学接受研究生教育,在理论物理和应用数学两个方面表现出浓厚的兴趣和良好的天赋.1959年,他在悉尼大学得到理论物理学哲学博士学位.

一直到这个时候,梅的经历完全是在澳大利亚的学校中取得的.按照一般的看法,理论物理学或者再加上一点点应用数学,将成为梅的毕生的事业.

西方发达国家的教育体系中,有一项博士后研究制度.在具有一定水平的大学之间,如果你在这所大学取得了博士学位,就必须离开这所大学,申请到别的大学或研究部门做一段博士后的研究工作.这项博士后研究制度,对于科学人才的培养,具有重大的战略意义.本校的毕业生不许马上留校工作,一可以防止“近亲繁殖”给高等学校和研究机构带来的种种弊病,二可以促使青年学者早日离开师长的羽翼到一个崭新的环境里汲取营养,经受锻炼.

就这样,梅首先以其优异的学业纪录,申请到美国哈佛大学从事两年的博士后研究工作,主要的领域是应用数学.当然,在哈佛他要给学生上应用数学的课,这使他在数学方面的素养更加坚实. 随后,带着在哈佛的经历,他回到悉尼大学物理系工作了 10 年,并且在 1969 年得到学校对于杰出教员的最高奖赏 —— 特别教席奖赏. 在为母校服务的 1962—1972 年,他利用教学休假制度,先后又在哈佛大学,加州理工学院和英国的牛津大学短期工作. 在哈佛还是研究应用数学,在加州理工学院研究天体物理学,在牛津大学从事等离子态物理学的课题. 这些学校,都是世界第一流的学校. 美国的哈佛和英国的牛津自不在话下,就拿加州理工学院来说,也一直属于美国最好的 10 所大学的行列.

这个时候的梅,虽然还算不上一个世界知名的大科学家,但已经是一个有出色经历的、地位十分牢靠的物理学教授了. 这时他只有 30 多岁. 30 多年光景,梅是一帆风顺走过来的. 他大可以踌躇满志,借着物理学教授的头衔,沿着这条平坦的大道一直走下去. 谁也未曾料到,时近不惑之年,梅教授的研究方向却发生了表面上看来完全改弦更张的变化.

那是在 1972 年的春天,梅离开悉尼大学到美国普林斯顿高等研究院短期工作. 这个研究院,就是杨振宁教授多次向中国学者介绍过的"象牙之塔". 在这个 20 世纪最伟大的物理学家爱因斯坦和 20 世纪最伟大的数学家冯 · 诺依曼长期工作过的精英荟萃的地方,梅对于当时处于酝酿阶段的混沌学的洞察力和他天生的广泛的科学兴趣,似乎在短短的几个月时间里,把他引向生物科学的迷人的圈子. 随后,梅宣布作为物理学教授的梅已经消失,他要在生物科学的圈子里从零开始,好好干一番事业.

那个时候,正是生物数学发展势头很猛的时候. 生物数学家正忙着用这样那样的微分方程来描述他们的生物系统. 他们总是企图把生物系统纳入确定性系统的框架:一个描述系统变化规律的微分方程加上一个描述系统现状的初始条件,将一劳永逸地解决系统今后的全部发展. 尽管这种努力一次一次地遭到失败,人们却只在修改他们的方程,修改他们的参数,希望理论计算结果能够和实际发展情况拟合得好一些. 梅教授从他的应用数学考虑出发,觉得某些紊乱的结局可能是系统所固有的. 这样的话,只靠修修补补将无济于事. 他敏锐地觉察到，这是科学研究中一个有待开发的领域. 在普林斯顿高等研究院短期工作结束时，他果断地要求到普林斯顿大学生物系工作，从讲师的工作做起.

超人的胆略和坚实的步伐，使他获得了成功. 1975 年，也就是说在他改行还不到四年的时候，他成了普林斯顿大学生物学的正教授，而且是具有荣誉教席的正教授.

原来，在美国的一些大学(特别是私立大学)，有各种各样的基金会，用以褒奖有杰出贡献的教授. 得到这种荣誉的教授，称为荣誉教席教授. 梅是"一八七七级"荣誉教席教授，他所得到的奖金，是普林斯顿大学 1877 级校友捐款所设立的基金提供的. 奖金的数目虽然不是很大，但却是教授们十分向往的殊荣.

转入生物圈子后，梅又曾到英国剑桥大学短期工作，并且自 1975 年以来一直是皇家学院的荣誉教授. 1977 年，他被选为美国科学院院士，并且担任 1977—1987 年度普林斯顿大学相当于教务长和副校长的大学研究委员会主席. 1979 年，他因理论生态学方面的杰出贡献被选为英国皇家学会会员，人们特别赞赏他关于混沌学的概念和他关于稳定性和复杂性之间的各种关系的分类. 从 1985 年开始，他还是美国最大的博物馆系统的斯密司逊理事会的理事. 现在，他是好几份科学刊物的编委，副主编和主编，是好几项有影响的科学奖的获得者. 特别是，梅被认为是生物学、生态学和医学方面混沌理论的主要代表人物.

作为物理学家的梅教授消失了，作为混沌生物学家的梅教授在一个更高的水平上出现了. 惊人的转折，惊人的成功. 转入生物科学领域以后，自 1973 年开始，梅出版了两本专著，主编了两本专题论文集，参与了 33 本书的写作，先后发表了 90 多篇高水平的学术论文. 真是海阔凭鱼跃，天高任鸟飞. 梅教授真正找到了可以大显身手，可以大有作为的天地.

无疑，从小学、中学，直到大学、研究生院，罗伯特・梅都是一个成绩优异的学生. 但是，如果他缺乏广泛的科学兴趣，如果他缺乏对跨学科新领域的发展的强烈关注，他是不可能取得今天的巨大成功和今后的更大成功的. 如果他死抱着老师教给他的专业，紧守那一笔本钱不舍(应该说，那是一笔相当厚实的本钱)，而没有从零开始开创一个崭新的领域的胆略和决断,科学世界也绝不会像今天这样认识他和评价他.梅的道路是发人深思的.

2.2 以归纳为基础的生态学讨论

英语中现在被汉译为生态学的单词 ecology,对于不同的人有不同的含义.例如,在过去的二三十年里,这个词曾被用于描述生活方式、生活态度,以至于描述商品消费.另外,大家当然知道,它还是西方一些小政党的名称,又是大学里的一门现代生物学课程.

即使是作为一门大学课程,ecology 一词也不是一开始就具有现在的专门含义的.在20世纪60年代,美国的一所大学就曾把讨论国内经济学的课程称为它的“国内 ecology”.不过,我们在本书中所说的生态学,是指以种群生物学为基本内容的一门生物学学科.这一节,我们首先简要地谈谈在观察事实的基础上归纳出来的若干生态学理论和与此相关的生态学方法、生态学模式,然后在下一节,着重介绍一种全新的研究方法——动力系统方法.

对个体动物或植物的生活特性和生命史的研究,至少可以追溯到古希腊的亚里士多德.这一课题在几千年文明史上吸引了许多自然科学家.18世纪英国著名的生物学家盖尔伯特·怀特(1720—1793)的著作《塞波涅自然史和古迹》的出版,是生态学思想发展史上的一件大事.塞波涅是英国的一个小郡.怀特生在那里,死在那里,把73载生命的全部的爱,倾注给自己的故乡.怀特是一个动物学、植物学兼园艺学家,但在文学上也有很深的造诣.他的这部洋溢着对故乡的爱的著作,初版于1789年.从那时算起,将近两百年的时光流逝,但怀特的这部《塞波涅》,今天仍然是世界英语著作中按重版次数计算占据第四位的著作.撇开它的文学价值不说,怀特的这本书在生物学方面的主要贡献是,它不是孤立地研究一个动物个体或一个植物个体,而是把动物和植物作为一个更大的生物群体的一部分去研究,把它们放在与其他生物的关系、与地理环境的关系、与人类活动的关系中去研究.如果怀特还没有提出生态学这个科学名词,那么生态学的基本概念,确是在他的这部著作中萌发和发展起来的.

达尔文继承了怀特的思想.达尔文在1859年发表的巨著《物种起

源》,主要是一部进化论的著作,但也清晰地表现了生态学思想自怀特以来的进一步发展.达尔文的著作引导我们思考不同的生物在一个有限的空间里怎样才能相互适应而形成一个整体的生态环境,一个大的生物群体.生物社会的情形仿佛是人类社会的某种翻版,有人当老板,有人做雇工,有人是医生,有人是律师,每个人都扮演一定的角色,相互依存,相互制约.

在每个小生态环境中,都有若干固定的生态学角色.例如,每个小生态环境中总是有植物,有食草动物,有食肉动物;有互惠的共生现象,有寄生现象,等等.这种观点与生物学家长期以来所观察到的现象是一致的:组成不同的生物群落的具体物种虽然很不相同,但各个群落的基本结构却是相似的,甚至是非常相似的.总有捕食者,也总有被捕食者,俱安天命,各司其"职".所以,早期生态学家的课题就是探讨究竟哪一些生物学的和地理学的因素决定了由若干物种构成的一个生态环境,并据此分析为什么有些物种组合能够长期共存而另一些物种组合却做不到这一点.

按照这种观点,在一个竞争共存的生态环境中,具有相同的生态学功能的不同物种,是不能长期共存的.有人指出,两个其他生态学指标相似的物种要能长期共存下去的话,这两个物种的成熟个体的平均质量比应当是 2 的倍数,平均身长比应当是 1.3 的倍数(1.3 的立方近似等于 2).这种理论自 1957 年发表以来,在随后 10 多年时间里得到许多生物观察的证实.这里我们要注意,成熟个体的平均体重和平均身长,也是一个物种的重要的生态学指标.上述理论是说,如果其他生态学指标相似,那么长期共存的两个物种的平均个体质量之比应当是 2 的倍数.如果差别太小,两个物种是无法长期共存的.

按照这种理论,有人进一步提出了海洋群岛鸟类群落构成的一种模式:在一个岛上,如果有 A 和 B 这两种鸟,就不会有 C 这种鸟;还会有 D,E 或 F 这三种鸟中的一种,但决不会同时有这三种鸟之中的两种;如果这个岛是火山喷发所造成的,还应当再在化石中发现某种现已绝迹的鸟 G,它们因其他鸟类的迁入而在生存竞争中失败.这么一个简单并且多少有一点古板的模式,居然在太平洋上许多小岛的考察中获得意外的成功.这使我们想起化学元素周期律发现之前的情况:

人们已经注意到元素化学性质的周期变化,但还不知道应当从原子核外电子分布的变化,特别是原子最外层电子数目的变化去理解元素化学性质的这种周期变化.比较起来,生物科学向精确科学发展的程度,还远远赶不上化学和物理学这样一些学科.

群落模式中 1.3 的尺度比看来是合理的:太细了显得多余,太粗了就会不足.有趣的是,人类日常生活中使用的煎锅(图 2-1)、唱片、儿童自行车等,其尺寸也是按 1.3 的尺度比来设计的.甚至提琴系列(图 2-2)—— 小提琴、中提琴、大提琴,也遵循这个尺度比.

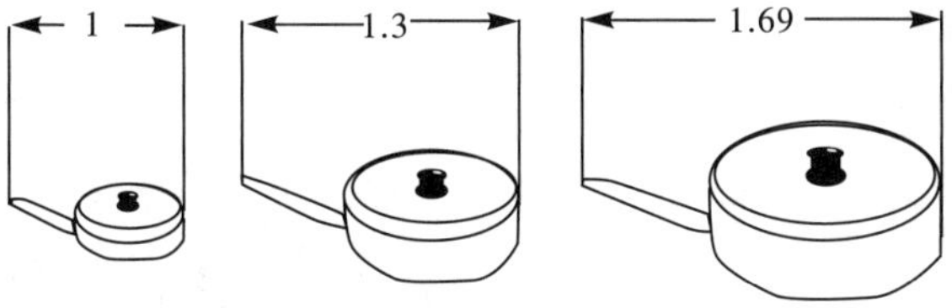

图 2-1　煎锅系列

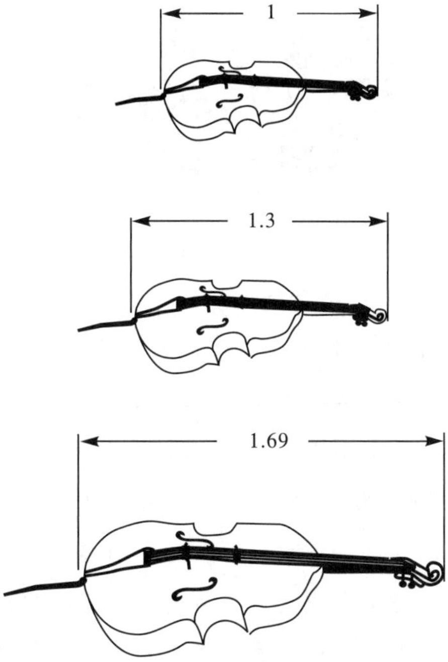

图 2-2　提琴系列

竞争共存或生存竞争,是生态学理论的基本内容之一.竞争的结果,就是上面所说的那样,在每个小生态环境中,具有同样生态学功能和同样生态学指标的物种只能保留一个.生态学理论的另一个基本内容,就是捕食者和被捕食者的弱肉强食关系.大家或许听说过生物链或食物链的说法.在一个生态环境中,有初级的植物,有食草动物,有食肉动物,它们之间构成一条生物链.地里长出牧草;以牧草为食,羊群得以繁衍;以羊肉为食,虎狼得以生息;最后,动物的遗骸肥沃了土地,使牧草更加茂盛.有人说生物链:草—羊—狼;有人说生物圈或食品圈:草—羊—狼—草(图2-3).的确,这是一个循环的过程,但把植

图 2-3　生物链

物看作这个过程的始点,把食肉动物看作这个过程的终点,还是容易被人们接受的.实际的生物链要复杂得多,也长得多,不是简单的三个环节,而是更多.从生物链的角度来看,处于始点的物种之间和处于终端的物种之间的竞争关系比较强烈,植物为空间、阳光、水分和养料竞争,食肉兽为它们的猎物竞争.而处于生物链中间环节的物种之间,捕食者和被捕食者的生态关系起着更大的作用.较早的时候,生态学的基本内容就是生存竞争和捕食者与被捕食者这样两种关系.所以,有些大学曾经把研究经济学的课程称为"社会生态学"也就不奇怪了.因为在资本主义社会里,生存竞争关系和弱肉强食关系的确是经济活动的主要机制,虽然人们宁可不用"弱肉强食"这样一针见血的字眼.从以上的粗略介绍可以看到,较早的生态学研究是以观察为基础的,

在观察的基础上形成概念,提出假设,再按照这种假设去设计实验或去作进一步的考察,这种进一步的实验和考察,仍然是以观察为主要手段的.这样逐次循环,在反复进行的"假设 - 验证"的过程中,形成生态学的基本学说,找出生态学的基本规律.要观察要实验,就免不了要计数,例如要了解每个物种的个体数目及其涨落关系等.为了观察准确、得到准确的数据,原则上还应当具备数理统计学的知识,采用统计学的科学方法来提取必要的数据.但是,就本质上说,上面介绍的方法还远不是数学化的.一方面,它能定性地给人们提供有益的结论,甚至提供一些有巨大指导意义的定性结论,但另一方面,它离精确科学的要求还相差很远.这种情况后来有了很大的变化.

2.3 生态学研究的动力系统方法

前面我们介绍了着重于生态环境中各物种所起的作用及物种间相互作用的关系的生态学理论.生态学研究的动力系统方法,则是迥然不同的研究方法.可以说,这种方法处理生态系统的方式和电力系统的计算相仿,要依靠许多公式.它考虑的问题是,当受到某种自然的或人为的具体扰动时,种群数目有什么变化.

一个系统的运行,通常是由若干参数决定的.这些参数的变化,就是对这个系统的扰动.试看一个孤立的小水电系统,由电站、小磨坊和若干电照明器组成.设想这个小水电系统正在运行,那么磨坊的开机和停机,每盏电灯的开和关,都是对系统的扰动.扰动有大有小,相差悬殊,但都对系统产生影响.有些扰动直接来自外界,如动力水源逐渐枯竭,或某处突然短路等,其他扰动也总是与外界因素有关.考虑一个农牧系统,久旱不雨,牧草失收,就是一种扰动.研究鼠害及其防治时,老鼠的天敌蛇类由于医药或商业的原因被大量捕杀,也是一种扰动.生态学要研究系统受到扰动时有什么反应.这里,不仅要讨论某个物种的个体数目的变化,还要讨论各物种个体数目之间的相互影响,进而讨论由若干植物物种和动物物种构成的整个群落.

为了叙述上方便,我们把每个物种的个体数目或总量叫作这个物种的规模.生态学的一个基本问题是从量的方面探讨系统中各物种的自然规模.很久以前,怀特和达尔文等人就知道,每个物种都有使自身规模一代一代增长下去的天赋能力.重要的是弄清楚,制约物种的这种增长能力的环境因素和生物学因素是什么,特别是要找出那些长期起作用的因素.不同物种的规模变化情形差别很大,使得上述课题变得十分困难.有些物种的规模年复一年基本保持不变,有些物种的规模时丰时歉呈现周期性的循环,也有些物种的规模变化极其剧烈,极难预测.不时袭击非洲的蝗灾,就是一个难以捉摸的例子.

为了从这许多千差万别的变化形态中找出变化的原因或变化的机制,有一个学派认为,规模稳定的物种具有与密度相关的增生率,即生殖、死亡和迁移都受规模密度很大的影响,并且是负的影响.所以,规模大了,密度高了,增生率就下降;相反,规模小了,密度低了,增生率就上升.相应地,规模变化较大的物种具有与密度无关的增生率.这样一来,生殖率、死亡率和迁移率主要受外界环境因素的影响,而并不取决于当时的物种密度.这种把物种分为增生率与密度无关和增生率与密度相关两大类的二分法可以说明不少生物现象,所以受到人们的注意.但若把它奉为圣典的话,也会带来许多问题.首先是,没有一个物种能够永远地与密度无关地增生下去,否则就将出现无限增长或无限减少的现象.所以,二分法要在理论上站得住,还应当加以修改.

我们可以把与密度相关的效应看作系统接收的"信号",密度低时使规模增大,密度高时使规模减小,而把与密度无关的效应看作系统收到的"噪声",噪声无疑也给系统带来影响.对于一个生态系统,我们的任务就是从噪声的干扰中将"信号"分离出来.对于规模稳定的物种,这种信号是容易得到的,对于规模周期变化的物种,这种信号也是容易得到的.虽然这种信号的生物机制可能还不清楚,但对于规模稳定的物种和规模周期变化的物种,从噪声的干扰中提取信号的想法是很有意义的,可以说是成功的.然而,对于规模变化剧烈、变化情况很不规则的物种,我们只能说所做的观察还太少,目前还无望从压倒一切的噪声中分离出任何有价值的信号来.

近年来,还有两种更复杂的情况引起了生态学家的注意.首先是,没有噪声的系统并不像人们原先预期的那么"好",它的运行情况也可能非常古怪.假如系统中某个物种的规模变化可以用一个明确的数学公式来表达,那么对于这个物种来说,系统中只有信号,没有噪声,真是太好不过了. 按照想象，这个物种在该系统中将来变化的情形，应该是完全可以把握住的了. 其实不然. 正如我们在“简单的方程，古怪的行为”一节中知道的，数学公式虽然非常简单，但由于其内在的非线性本质，还是会产生既剧烈变化又无规律可循的结果.

事实上，罗伯特・梅在 1974 年就已发表文章，从生态学的角度研究过迭代公式

$$x_{n+1} = Ax_n(1 - x_n)$$

那时，李天岩和约克的文章《周期三则乱七八糟》尚未发表，“混沌”一词尚未流行. 梅用上述公式表达某个物种的规模变化规律，这个物种一代一代之间是不交叠的. 例如，温带的许多昆虫就是这样，同时孵化，同时成虫，同时变蛹，同时化蛾，同时产卵. 这样，当我们说这个物种在某时刻的规模时，所有个体都是同一代的个体，没有交叠. 在这种情形，我们说该物种的规模是离散的. 在上述公式中，x_n 是该物种第 n 代的密度，x_{n+1} 是该物种第 $n+1$ 代的密度，A 是一个常数. 这里，特别强调所说的是密度，而不是规模. 本来，规模和密度是成正比的，但研究密度有一个好处，就是经过适当的处理，密度总可以表示成一个小于 1 的正数，并且是一个无单位的纯量. 例如，$x_5 = 0.4$，也可以写 $x_5 = 40\%$，就是说该物种第 5 代的密度是 40%.

假如某个物种的密度发展规律是

$$x_{n+1} = 1.5x_n(1 - x_n)$$

我们看看一代一代这个物种的密度变化情形如何. 假定说开始时的密度是 0.1(图 2-4)，那么经过一代发展，密度变成

$$x_1 = 1.5 \times 0.1 \times 0.9 = 0.135$$

再经一代发展，变成

$$x_2 = 1.5 \times 0.135 \times 0.865 = 0.175$$

原来，各代的发展情况，就是一次一次的迭代. 具体做法是我们熟悉的，下面就直接写下去：

$$x_3 = 0.217$$

$$x_4 = 0.255$$

$$x_5 = 0.285$$

$$x_6 = 0.305$$

$$x_7 = 0.318$$
$$x_8 = 0.325$$
$$x_9 = 0.329$$
$$x_{10} = 0.331$$
$$\vdots$$
$$x_{20} = 0.333$$
$$\vdots$$

经过大约 20 代的发展，物种密度稳定在大约 1/3 的水平.

又如 $x_{n+1} = 2.5x_n(1 - x_n)$，从 $x_0 = 0.45$ 开始迭代，如图 2-4 所示，即从密度为 0.45 的一代开始看随后一代一代密度的发展，情况如下：

$$x_1 = 0.618$$
$$x_2 = 0.590$$
$$x_3 = 0.605$$
$$x_4 = 0.598$$
$$x_5 = 0.601$$
$$x_6 = 0.599$$
$$\vdots$$
$$x_{10} = 0.600$$
$$\vdots$$

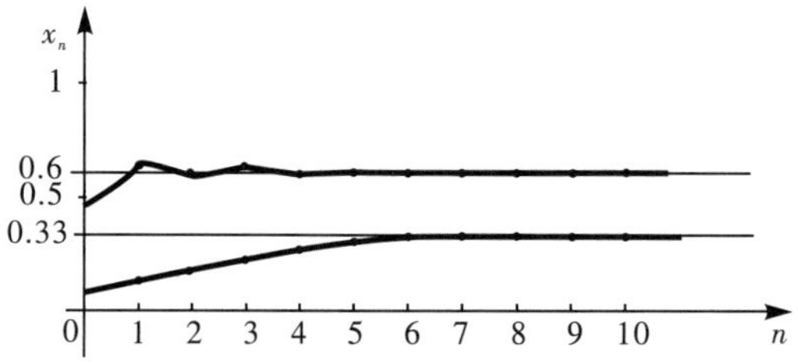

图 2-4　两个稳定的例子

经过若干代的发展，物种密度稳定在大约 0.6 的水平. 上一个例子是密度逐渐增大，单调地趋近 1/3(如果开始时的密度大于 1/3，则密度逐渐减小，单调地趋近 1/3，总之是单调发展)，这个例子却是密度一代大一代小地摆动，但逐渐趋向于稳定在 0.6 的水平.

当 $1 < A < 3$ 时，物种的密度经过一代一代的发展总是趋向于一

个稳定值.

如果 $A=3.2$,即 $x_{n+1}=3.2x_n(1-x_n)$,从 $x_0=0.4$ 开始,迭代过程如图 2-5 所示.

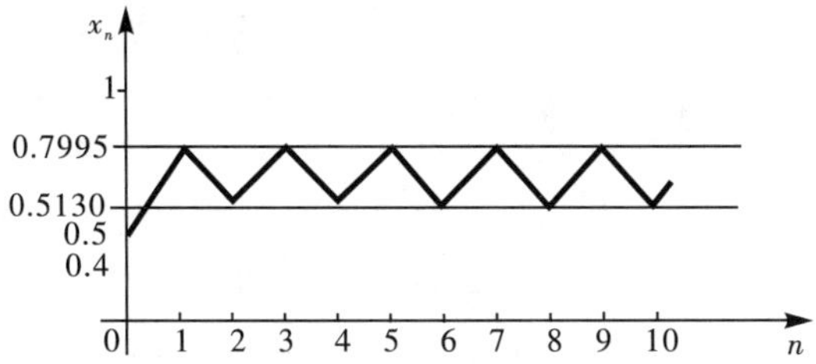

图 2-5　$A=3.2$, $x_0=0.4$ 的例子

可见,密度的发展变化,趋向于一个稳定的周期,一代高,一代低,高的逐渐趋向于稳定值 0.7995,低的逐渐趋向于稳定值 0.5130. 这样,该物种的密度变化,具有大年和小年交替的特征. 也可以说,该物种的密度变化,具有周期性,周期为 2,即这一代的密度接近 0.7995 的话,隔一代以后又接近 0.7995,这一代的密度若接近 0.5130,过两代又接近 0.5130.

如果 $A=3.5$,即 $x_{n+1}=3.5x_n(1-x_n)$,也从 $x_0=0.4$ 开始迭代,物种密度的变化情形如图 2-6 所示. 从图上可以看出,物种密度以 4 代为周期,分别趋向于 0.875,0.383,0.827 和 0.501.

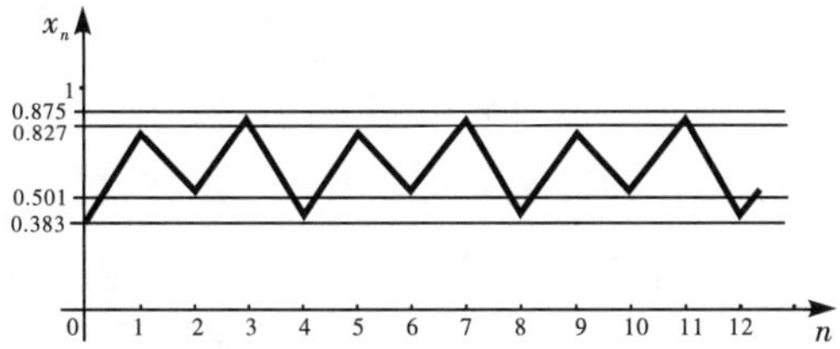

图 2-6　$A=3.5$, $x_0=0.4$ 的例子

研究表明,当 $3<A<3.570$ 时,物种密度变化发展都呈现这种周期性质. 当 A 比 3 大一点时,周期为 2,随着 A 的增大,逐渐出现周期为 4,8,16,32,… 的变化.

当 $A>3.570$ 时,方程 $x_{n+1}=3.8x_n(1-x_n)$ 还是那么简单,但一代一代发展的结果,没有表现什么规律. 例如从 $x_0=0.4$ 开始,迭代结果如图 2-7 所示. 代表物种的一代密度的点仿佛是随机地出现,构成杂乱无章的踪迹. 这就是混沌.

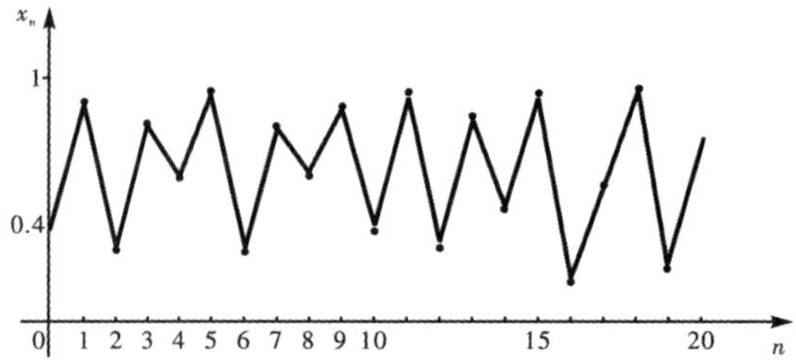

图 2-7 $A=3.8, x_0=0.4$ 的例子

对于比 3.570 大，比 4 小的 A，都会出现混沌. 当 $A>4$ 时，迭代结果很快地趋向负无穷. 所以，当 $A>4$ 时，把 $x_{n+1}=Ax_n(1-x_n)$ 作为某个物种密度变化规律的数字模型，即用 $x_{n+1}=Ax_n(1-x_n)$ 这个公式来模拟某个物种的密度变化，是缺乏根据的. 所以，我们限于讨论 A 介乎 0 和 4 之间的情形.

现在我们把上面的讨论总结一下，看看能得到一些什么启发.

我们一开始就假定 $x_{n+1}=Ax_n(1-x_n)$ 是描述生态环境中某物种密度变化的准确公式，这就是说，该生态环境对于那个物种来说是一个只有信号没有噪声的系统. 但若按照先前关于信号与噪声的粗浅认识，一个实质上只有信号的系统运行起来，既可能呈现"信号型"的性态（当 $1<A<3$ 时的稳定解和当 $3<A<3.570$ 时的周期解），也可能呈现"噪声型"的性态（$3.570<A<4$ 时的混沌解）.

不要以为只有 $x_{n+1}=Ax_n(1-x_n)$ 这个公式那么古怪. 研究表明，如果一个物种具有密度太大时就衰减、密度太小时就增长的倾向，那么描述该物种密度变化的数学公式都会产生这样古怪的结果.

早在 1962 年，就有数学家用法文发表过一篇论文，提出简单的数学公式可能产生非常离奇古怪的行为. 后来又陆续有人注意到这种现象，但当时这还是未曾被人认真考察过的一片神秘的数学奇境. 直到 1975 年李天岩和约克的文章《周期三则乱七八糟》发表，混沌一词不胫而走，对这个课题的研究才"爆炸性地"发展起来，其中就有罗伯特・梅的重大贡献. 现在，人们把混沌学用到生态学，湍流理论，电网络理论，结构力学，等离子物理等许多方面. 有趣的是，早在 20 世纪 40 年代和 50 年代，昆虫学家和渔业专家已经用过像 $x_{n+1}=Ax_n(1-x_n)$ 销售猞猁毛皮数目这样的公式. 例如加拿大有两位学者在 1942 年曾发表一篇论文，分析 1821—1934 年加拿大哈得逊湾贸易公司销售猞猞猁毛皮的数字的涨落变化(图 2-8). 他们已经写下了公式 $x_{n+1} = Ax_n(1-x_n)$,并且用手摇计算机进行过一些计算. 无疑,这些计算在当时是相当费力的. 他们在计算中也确实见到了解趋向于周期解和

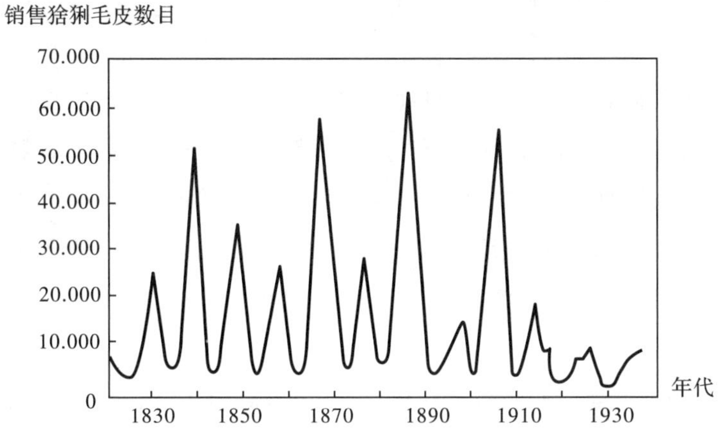

图 2-8　猞猁毛皮销售涨落

趋向于混沌的现象. 但为计算付出的劳动是那么的巨大,以至于他们只能把精力集中于寻求稳定解. 当稳定解终于找到时,他们似乎觉得大功告成,终于松了一口气,并且从此再也没有继续研究下去. 两位作者如果健在的话,很可能后悔当时的停顿. 但是,我们则倾向于认为这主要是因为时代的局限性. 试想,如果不是发明并发展了数字电子计算机,要想比较彻底地观察和肯定混沌现象,谈何容易!就拿前两页的迭代数据来说,我们写这本小册子时是用可编简单程序的小型计算器来计算的. 如果用手算或用手摇计算机,这些数字就不可能在较短的时间里算出来,而且出错的可能性远比最后取得成功的概率大. 特别要指出的是,前面几页的计算实例,充其量不过是验证一下别人的研究成果,在做计算之前,我们是心中有数的. 混沌理论的开创者们则不然,他们面对迷茫的前景,假设,检验,再假设,再检验,他们面对的是一种困难程度大得无法相比的工作. 我们庆贺他们的成功. 他们不愧为计算机时代的骄子.

关于那个猞猁毛皮的例子,我们顺便再多说几句. 当年的作者指出,猞猁数目的变化依赖于雪蹄兔数目的变化,因为雪蹄兔是猞猁的主要食物. 但最新的研究表明,猞猁毛皮数目的周期性变化,是由雪蹄

兔及其食用植物之间的关系决定的.青草茂盛,雪蹄兔就多,猞猁也就多.雪蹄兔多了,青草被食过量,来年的长势就受影响.于是雪蹄兔就少了,猞猁跟着也少了.这是一位叫凯什的生物学家1983年发表的一篇论文中的结论,道理似乎简单,要紧的是它有多年的统计数据的支持.

现在看来,生态学中密度相关学派和密度无关学派的争论可以暂时偃旗息鼓了.密度无关学派曾经认为与密度无关的物种发展效应是占主要地位的,这样才能解释许多物种密度的涨落现象.他们嘲笑密度相关学派,说物种发展效应是密度相关的话,这种负反馈将使所有物种都保持在各自稳定的密度水平上,世界也就会变得单调乏味.至少,这种看法是不对的.前面的例子全都是密度相关的,但有的趋于稳定,有的呈现周期性的涨落变化,有的则走向混沌,内容丰富得很,一点也不单调.

混沌生态学研究中传出的一个多少令人感到沮丧的消息是:当用公式 $x_{n+1}=Ax_n(1-x_n)$ 拟合某些使寄主产生传染病的病毒的密度变化规律时,所得到的系数 A 都大于3.570.如果上述公式确实反映了这些病毒的密度变化规律的话,那么这些病毒的密度水平年复一年是飘忽不定的,说不定在哪一年就会爆发.人们但愿实际情况将不致如此.至少,希望在科学更加发达的未来不会这样.

读者会问,这一节讲的虽然是生态学,做的却是数学公式的迭代,然后从迭代情况中得出若干结论.这是真正的生态学研究吗?的确,如果不和实验相结合,如果不从实验观察中总结出理论,然后再回到实验观察中去检验并修正理论,那么,是称不上货真价实的生态学研究的.好在对于寄主-寄生生态系统的研究和对于被捕食者-捕食者生态系统的研究,从一开始就形成了理论与实验相结合的传统.精心设计的田野实验和实验室实验,围绕着每一个生态学理论模型展开,最终判别理论的真实性.这些实验特别注意观察每个物种的丰缺变化和物种之间的相互作用.

生态学研究的动力系统方法出现以来,其成果是人所共睹的,但就目前情况来说,还有相当的局限性.简而言之,如果一个生态系统中物种之间的关系比较简单明确,动力系统方法就往往比较有效.最典型的例子是寄主－寄生系统,寄主与寄生者这两个物种之间的相互关系相对来说是简单的.另一个例子是节肢动物的被捕食者-捕食者系统.除了鸟类的被捕食者-捕食者系统以外,对于脊椎动物,前面所说的比较简单的动力系统方法已经不能适用.因为比较长寿的高等动物的生命机制要复杂得多,要建立确实能够反映这样一个复杂的生态系统的数学模型,是非常困难的.一般来说,能够反映某一两个生物的或生态的指标的变化就很幸运了,要想细致地从数学上刻画一个比较复杂的生态系统,几乎是不可能的.所以,研究脊椎动物的竞争生态系统时和研究脊椎动物的被捕食者-捕食者生态系统时,从生态系统中各物种的"角色"和物种间的"关系"这样一个模式入手,仍然是生态学家乐于采用的研究方法.

在上面的讨论中,我们不知不觉地把自己局限于食物链或生物链的生态结构.什么是小生态环境中的食物链呢?以草、虫、鸟构成的最简单的小生态环境为例,虫吃草,鸟吃虫,鸟的尸骸肥沃了土地,又营养了草,这样构成一个循环,是一个有三个节的链条(图 2-9).这就是生态学研究中所说的一条食物链,或按食物关系组织的生物链.

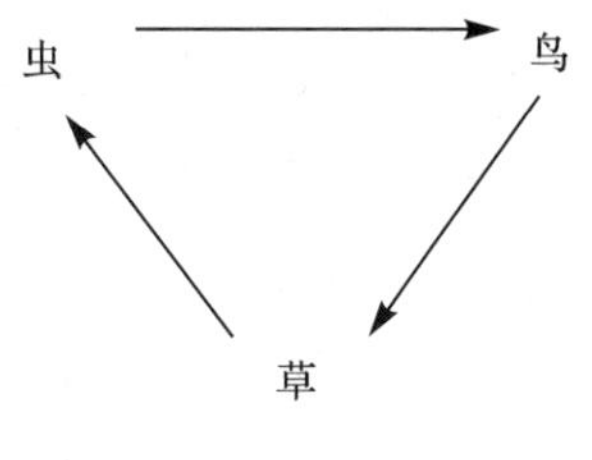

图 2-9　三节食物链

当然,这是一个大大简化了的系统.对复杂系统的研究,当然要从简化的模型入手,但对简化模型的讨论,通常不能代替对复杂系统的研究.比方考虑一个稍许复杂一点的例子,在上述草、虫、鸟系统中再加上兔子、鹰、蛆虫,那么物种之间的食物关系就不是一条链能概括的了.一方面,虫吃草,鸟吃虫,然后才有鹰吃鸟;另一方面,兔吃草,马上就有鹰吃兔.动物的尸骸不仅肥沃了土地,营养了青草,也腐生出蛆虫,这又成了鸟的食物(图 2-10).如此等等,在比较复杂的生态系统中,物种之间按食物关系,不是组成一个简单的链环,而是组成复杂得多的一个网,这就是生态学研究中的食物网,或按食物关系组织的生

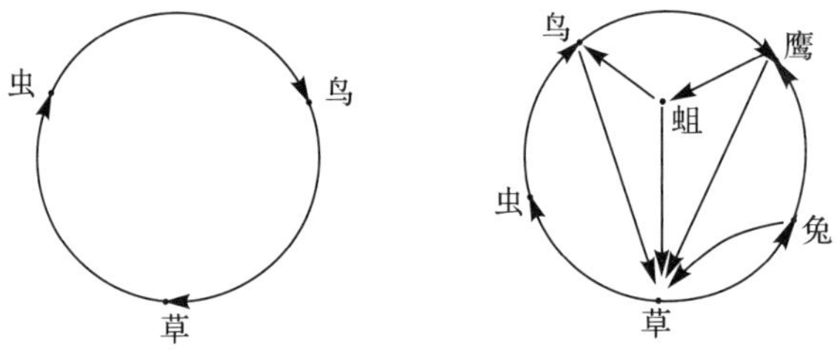

图 2-10　生物链与生物网

物网. 当用公式 $x_{n+1} = Ax_n(1 - x_n)$ 刻画某个物种的密度变化规律时，这个公式是单变量的. 但对处于食物网中的物种来说，单变量的假定将偏离实际情况很远，误差之大，会掩盖一切有用的信息. 食物网可以看作生态系统中的管道网，生态系统的总能量和各种具体的营养物质在管道网中流动. 按理说，如果各个关节的数量关系能明确写下来的话，动力系统方法应当能够解决这个多变量多参数的问题，能够算出系统经受某种扰动时会在量的方面做出什么反应. 但是，各个关节的数量关系是不容易搞清楚的，何况，即使各关节上的数量关系清楚了，系统如何运行也极难把握. 要知道，对于纯数学的迭代问题，目前比较了解的还只是 [0,1] 区间到 [0,1] 区间的形如 $x_{n+1} = f(x_n)$ 的迭代，当然，这是单参数单变量的迭代. 圆周到圆周的迭代（它也是单变量的），研究工作还刚刚开始. 如果牵涉两个变量（平面到平面的迭代或球面到球面的迭代），简直还只有设想，并未取得引人注目的研究成果. 纯数学的公式迭代，从单变量到多变量，复杂度就增加了好多. 一个生态系统，如果想用一个数学模型来刻画它，当变量从一个增加到两三个时，其困难的增加程度是可想而知的. 所以，对于食物网的生态系统，要说用动力系统方法进行研究的话，迄今只有过定性的探讨，并未开始数量方面的深入分析. 就这个意义来说，用动力系统方法研究食物网的生态系统，与其说是一门科学，不如说是一门艺术，远远未能进入精确科学的范畴.

在下一章第三节的末尾，我们将谈及系统运行从周期状态进入混沌状态这一理论在心脏生理学和心脏医学方面的应用.

2.4　生物数学万花筒

这一节，我们准备向读者多介绍一些生物数学方面的新思想和新方法. 虽然它们不一定和混沌理论有什么直接关系,但都是很有启发性的. 我们自信能把它们写得浅显易懂,读者也容易接受,何乐而不为?何况,这一节介绍的新思想和新方法,许多还是我们中国学者的创造呢. 的确,写这一节的时候,陆寿坤和陈霖两位生物数学专家的论文,给了我们很大的帮助.

突变现象

先看一个具体的例子. 普鲁卡因是经常使用的一种麻醉剂,用于局部麻醉. 麻醉之所以发生,就是因为神经冲动不能通过受麻醉剂作用的那段神经. 但是麻醉剂量可大可小,麻醉程度也就有深有浅. 如果用了麻醉剂,但麻醉程度不够深,神经冲动还是可以通过受麻醉剂作用的那段神经. 可见,在施用不同剂量的麻醉剂时,肌体的反应就能否达到麻醉效果来说只有两种,一是神经冲动可以通过麻醉剂作用的那段神经,一是神经冲动不能通过麻醉段.

现在,假如你用青蛙腿的神经反应做麻醉实验,发现当麻醉剂量是 0.2 时,神经冲动仍能通过麻醉段,当麻醉剂量是 0.7 时,神经冲动已不能引起蛙腿肌肉的收缩运动. 于是你准备写实验总结:0.7 够,0.2 不足.

你真的会这么马虎就结束一次实验吗?恐怕不会. 你会想到,0.2 不足,0.7 足够,那么在 0.2 和 0.7 之间,一定会有某一个数 c,当剂量小于 c 时,神经冲动仍能通过,当剂量大于 c 时,就达到麻醉效果. c 就是麻醉实验时肌体反应的突变点,应该想办法把 c 找出来.

0.2 和 0.7 之间为什么一定有这样一个 c 呢?如果这样的 c 根本不存在,你却千方百计去找它,岂不是白费工夫?不要以为这是杞人忧天. 科学史上,许多人曾经耗费毕生的精力去设计永动机,去寻找用圆规和直尺三等分任意一个角的方法,去寻找五次以上代数方程的求解公式,但都失败了. 他们的失败不是由于条件尚未成熟,而是注定要失败的,因为他们做的是根本不可能的事,就像用力扯自己的头发想把自己扯到天上去一样.

"0.2 不足,0.7 足够,当中一定有一个突变点 c"的判断,并不像有些人所想的那么天然. 试看一个形式上相仿的例子:大家知道,1 的平方是 1, 2 的平方是 4, 3 的平方是 9. 对于"一个整数是不是另外某个整数的平方数”这个问题来说，整数 3 给出的答案是“否”，而整数 9 给出的答案是“是”. 在给出“否”的整数 3 和给出“是”的整数 9 之间，是否存在一个整数 c，使得比它小的整数都回答“否”，即都不是别的整数的平方数，而比它大的整数都回答“是”，即都是另外某个整数的平方数呢?很明显，这样的 c 是根本不存在的.

两个问题多么相似，但第二个问题中的 c 却根本不存在. 所以，头一个问题中的突变点 c 是否存在，是需要细致想一想的. 现在，我们就来证明麻醉实验中突变点 c 确是存在的.

把[0.2,0.7]这个区间用数轴上的一个线段表示出来，因为剂量 0.2 时，麻醉未成功，在 0.2 上面写“－”. 当剂量 0.7 时，麻醉成功，所以在 0.7 上面写“＋”. 现在取它们的中点 $(0.2+0.7)\div 2=0.45$ 做一次实验，假如麻醉未成功，就在 0.45 上面写“－”. 至此，我们用左端“－”右端“＋”的区间[0.45,0.7]代替原来的[0.2,0.7]，再做一次实验，这样一次一次做下去，区间的长度每次缩小一半，但都具有左端“－”右端“＋”的性质. 这些长度每次缩小一半的区间，一个套住一个，越来越小，最后套住一个点，这个点就是要找的 c(图 2-11).

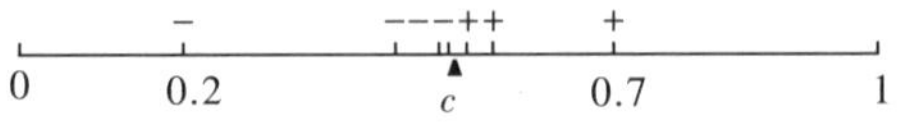

图 2-11　寻找突变点

当然，用实验测定这个 c 的时候，只要得到适当的近似值就可以了，因为在使用时总要加上一个保险系数. 例如测得 c 是 0.50 左右，一般并不会真的用 0.50 或 0.51 去做麻醉，比方说可以用 0.55 甚至 0.60，这样既保险，又比原来的 0.7 好得多.

用数学的行话来说，麻醉剂量问题中突变点 c 的存在性是由实数(不妨理解为小数，包括无限不循环小数)的连续性保证的：任何两个不相等的小数之间一定还有别的小数. 例如 1.7816 和 1.7817 之间就还有 1.78166 等. 整数就没有连续性，整数是离散的，7 和 8 之间就没有其他整数.

突变问题还有一些比麻醉实验复杂一些的例子. 设某个物种的增长率 y 和物种的密度 x 之间的关系如图 2-12 所示，其中密度介乎 0.5 和 0.9 之间的一段近似地可以写成

$$y = (x - 0.6)(x - 0.7)(x - 0.8)$$

这个例子中，物种的增长率从正变负或从负变正共有三个突变点. 用上面麻醉例子中求 c 的办法，你至少可以得到一个突变点. 有的实验可以得到 $c_1 = 0.6$ 这个突变点，有的却得到 $c_2 = 0.7$ 或 $c_3 = 0.8$. 有的实验可得到两个或全部三个突变点，有的实验只得到一个突变点.

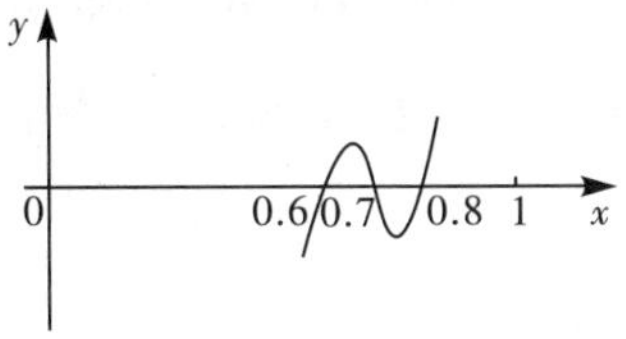

图 2-12　三个突变点的例子

借用这个例子，可以考考你对物种密度、物种增长率及其数学关系的直觉反应. 这个例子中的物种，当物种密度接近 0.7 时，物种规模的变化是趋于一个稳定值的. 当因为受到某种外界强加的干扰，比方说受到大肆捕杀，物种密度下降到 0.6 以下时，这个物种就濒临灭绝. 你能对照图 2-12 对此做出解释吗？

生物钟及其调整

许多读者都听说过生物钟的说法. 生物钟现象在生物领域中是很容易观察到的. 落叶乔木的四季变化十分明显. 以日本枫为例，春天抽出酱红的嫩叶，夏天树冠墨绿，亭亭如盖. 秋来一片霜红，吸引多少观赏者，冬季却片叶不留，只待来年. 果树的开花、结果、成熟也是年复一年准确地进行着. 有些花卉，周期比较长，例如牡丹的一年一度. 也有一些花卉，它们的小周期很短，牵牛花当天衰败，午时花早上含蕾，傍晚缩萎，只在正午前后的短暂时刻艳色怒放. 生物钟现象是大自然的杰作，也是人类科学活动的广阔天地. 原来只在秋天开放的菊花，在人工栽培的条件下已经可以在任何时节开放，就是一个例子.

上面谈的，都是植物的生物钟现象. 动物和人类的生物钟现象就更加复杂，更加容易在外界干扰下变形，所以就更加值得研究.

许多人每天在大致相同的时刻醒来，不必借助闹钟. 在一生中，人的心脏不论白天晚上忠实地做节律性跳动. 海滩动物在潮汐周期的一定时期产卵；候鸟每年一度的移栖；昆虫的蛹在一定的时间羽化；雌性哺乳动物生殖系统的周期性变化；等等，都是显著的例子. 就连那些很小的低等生物的某些机能也存在着节律现象.典型的例子是草履虫的生命中枢(细胞核)的大小以24小时为周期发生着变化,中午12点最小,午后逐渐增大,到午夜12点变得最大,然后逐渐缩小,到第二天中午又变成最小.非常明显,研究生物钟不仅对于发展农业、畜牧业、渔业和医学事业有重要的意义,而且会促进生物学基础理论的研究.

生物钟又称生理钟,可以形象地用一个圆周来描述.例如,有一种蟹叫提琴蟹,它的颜色一日几变.通常,这种蟹白天颜色变深,夜晚颜色变浅,黎明时颜色又开始变深.这样,设想圆周是24小时一周的一个时钟,我们就可以画出图2-13(a)的提琴蟹颜色变化的生物钟.

提琴蟹的上述颜色变化,是正常的白昼和黑夜交替的自然现象的结果.现在,如果我们利用实验室的条件,重新安排24小时中光照和黑暗循环交替的时间,蟹在新环境里待几天以后,它的颜色变化规律起了变化.比如说同步地延后3小时,这样,我们就得到了图2-13(b)的新的生物钟.这种情况,我们说提琴蟹的生物钟得到了调整.一个人从美国来到中国,他原来的作息时间生物钟不适应中国的昼夜规律,12小时的时差使他感到某种心理的或生理的不平衡.但住了一些日子后,他的作息时间生物钟得到了调整,调整了12个小时,变得与中国的昼夜环境相适应.

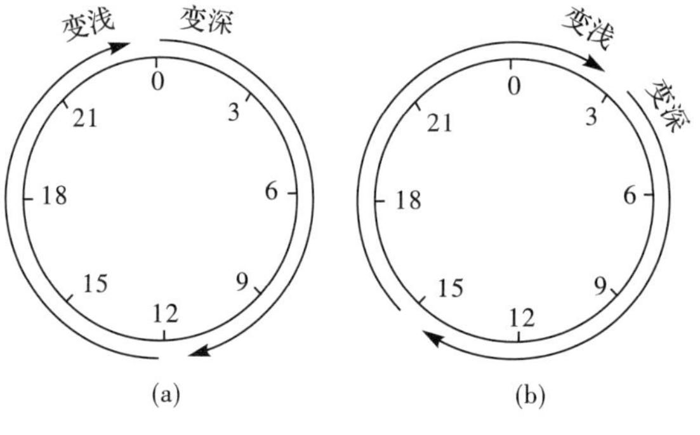

图2-13 提琴蟹颜色变化生物钟

生物钟可以调整的结论是大家都同意的,但生物钟的调整必须有量的限度.上面两例调整,差不多是数学上讲的“平移”,调整前后生物钟的节奏速率不变,只是在调整的那几天里,比正常速率快了一些或慢了一些.相对来说,这种调整前后速率不变或基本不变的生物钟调整,一般不具有破坏性.如果经过调整,生物钟的节奏速率发生了很大变化,那么这种生物钟调整就具有相当的危险性.这一点对于动物器官的某些功能的生物钟来说,尤为重要.若生物钟的速率是原来的 n 倍,n 等于 2,3,4,5,就有可能导致这些生物钟的损坏,危及生命.心脏的节律性跳动的速率大到一定程度时,心脏就会发生病变,最终导致动物的死亡.疲劳是一个原因,生物钟的破坏也是原因之一.

利用生物钟的调整,可以做一些对人类有益的事情.例如,分析蜜蜂和紫云英花的生物钟,情况如图 2-14 所示.在(a)中,蜜蜂寻食的时间是早上 10 点到下午 7 点,即[10,19],在(b)中,紫云英花分泌花蜜的时间是早上 7 时至下午 2 时,即[7,14].把上一个区间记为[a,b],后者记为[c,d],很明显,[a,b]和[c,d]的公共部分越大,对蜜蜂寻吸花蜜越有利.如果能够用科学方法对蜜蜂寻食时间的生物钟和紫云英花分泌花蜜的生物钟进行调整,使之相互接近(比如说变成[8,15]和[8,16]),无疑对养蜂事业是十分有利的.又比如大熊猫的交配是一件困难的事情,这是动物园大熊猫,特别是国外饲养的大熊猫生殖率极低的首要原因.如果深入研究雌熊猫个体的排卵生物钟和雄熊猫个体的发情生物钟之间的关系,使之协调或经过适当调整使之协调,对于大熊猫的繁衍昌盛会有很大意义.畜牧业(包括禽蛋业)中存在生物钟调整的众多课题.

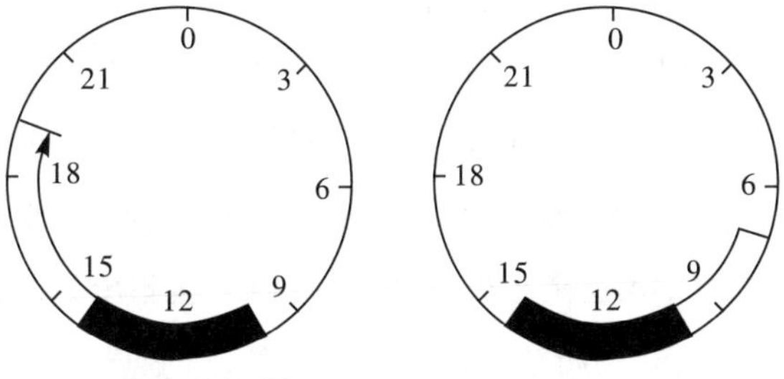

(a)蜜蜂寻食时间　　(b)花蜜分泌时间

图 2-14　生物钟分析

过度的生物钟调整是破坏性的.利用这种破坏性,人们已经开始考虑是否可以对于某些害虫采取措施,诱发其生物钟的剧烈调整,达到消灭这些害虫的目的.迄今为止,这方面的进展还限于实验室小环境的少量数据报道,但远景还是诱人的.就以蚊子来说,对药物适应很快,但恐怕是适应不了生物钟的急剧改变的.

生物多态现象及其稳定性

多态现象是生物领域中一种相当广泛的现象. 例如，某个人类群体，按照血型分类，可以区分为A型、B型、AB型和O型. 这样，四种血型就构成这个人类群体的血型四态现象.

生物领域这种多态现象的例子是很常见的，考虑遗传问题，有基因多态现象、基因型多态现象和染色体多态现象，等等. 就生态学来说，考察一个生物群落，如果我们把这个群落中的每个物种看作一个态，那么这个群落中所有物种就构成一个生态学中的多态现象.

举一个简单的例子. 假如有一个生物群落，由四个物种组成，它们是猫、老鼠、土蜂、红三叶草. 如果猫、鼠、蜂的头数和红三叶草的株数分别占总体数（头数和株数这些不同单位的数目的总和）的1/10，2/10，3/10，4/10，那么这个群落的结构可以用下面的结构式子来表示：

$$\frac{1}{10}A+\frac{2}{10}B+\frac{3}{10}C+\frac{4}{10}D$$

其中A表示猫，B表示鼠，C表示土蜂，而D表示红三叶草.

大家知道，猫是老鼠的天敌，老鼠又喜欢吃土蜂的蜜和幼虫，土蜂的蜜采自红三叶草，而红三叶草又依靠土蜂来传播花粉，四者关系错综复杂，构成一个小生态环境. 随着时间的变化，这四个物种的数目也在变化. 红三叶草与土蜂的关系主要是一种互惠的共生关系，而土蜂、老鼠和猫之间的关系则是前者兴旺带来后者兴旺，后者的兴旺以前者的减灭为代价. 但是无论四个物种的数目如何变化，只要在变化过程中没有新的物种介入这个小生态环境，我们总能测出猫的数目占总数的比例λ_a，鼠、蜂、红三叶草的数目占总数的比例λ_b，λ_c，λ_d. 所以，总是可以写出相应的结构式子

$$\lambda_a A+\lambda_b B+\lambda_c C+\lambda_d D$$

我们把猫的数目占群落总体数目的比例λ_a叫作这个生态环境中猫的比例频率，那么，λ_a一定不小于0，一定不大于1（1就是百分之百）. 另一方面，不论猫、鼠、蜂和红三叶草的频率λ_a，λ_b，λ_c，λ_d如何变化，它们的总和一定保持为1，即四个物种的比例加起来，一定等于百分之一百.

所以，生物多态现象可以用总和为 1 的一组非负实数来表示．5 态现象，就用 5 个实数 $\lambda_1,\lambda_2,\lambda_3,\lambda_4,\lambda_5$；10 态现象，就用 10 个实数 $t_1,t_2,t_3,t_4,t_5,t_6,t_7,t_8,t_9,t_{10}$．它们都是介乎 0 和 1 之间的实数，并且各态频率之和为 1.

当这个生态环境在变化时，各态的频率也在变化．但是，这种变化是不是稳定的呢？拿上面举的猫、鼠、蜂和红三叶草的例子来说，这个四态现象一代一代变化的结果，会不会趋于一种稳定值：猫占多少，鼠占多少，蜂占多少，红三叶草占多少？如果会的话，按照这种稳定值来配置各个物种，整个生态群落就处于一种最稳定的状态，即最协调的状态．

2.5　生物工程进展

基因进化方式的几何模型

自从达尔文的进化学说诞生以后，许多遗传学家和生物数学家从群体的角度出发，以概率论和数理统计为工具，对进化的各个要素进行了大量细致的数学探讨，为进化论的理论发展和良种培育这样的实际应用做出了巨大贡献．所谓进化的要素，指的是选择、迁移、隔离和突变等过程．

他们的工作，集中于探讨进化的原因，进化的机制．进化的每一个环节，可以由基因的不同的组成来表示，例如从基因(A,B)进化为基因(A,C)或(A,B,C)等．但是，进化的各个阶段之间的关系怎样表达呢？长期以来还没有一种令人满意的方式．

不久以前，陆寿坤同志提出用图的方式表达基因进化过程中各阶段之间的关系，并在此基础上借助代数拓扑学中的欧拉－庞加莱公式得到若干有趣的结论，引起生物数学界的注意．这里，我们就来简单谈谈基因进化方式的图论表示．

数学上说的图，由一些点和连接这些点的线段组成．这些线段称为弧，这些点称为节点，每条弧的两端都必须是节点．这里所说的弧，不许有分叉的现象，只许是一个直线段，或弯曲了的线段．每条弧正好连接两个节点．在一个图里，有些节点是一对一对连接的，有些节点之间不连接．下面画的，就是一些图．你可以说它们是三个图，也可以放在一起说合起来是一个图.

但是,下面看到的图 2-15,就不是数学上所讲的图,因为以节点 C 为一端的那条弧发生了分叉,或者说以 C 为一端的那条弧只有一个端点是节点,都违反了上面所说的要求.

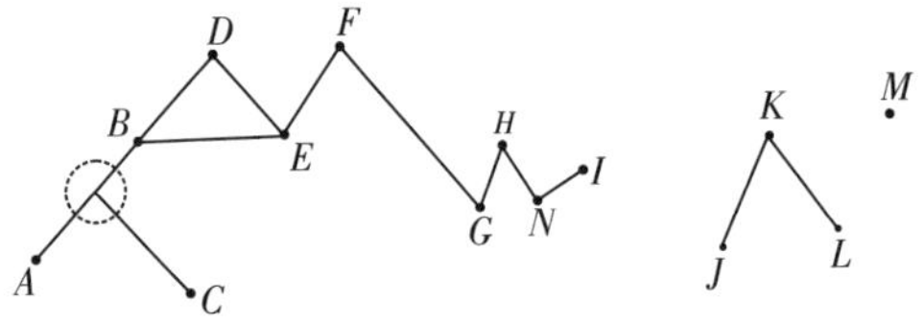

图 2-15　非"图"的例子

图按照性质不同,可以分成不同的类.首先是连通还是不连通.如果一个图中的任意两个节点之间都有弧一段一段地连过去,就说这个图是连通的.例如最早举例的那个图(图 2-16),你把它看成一个合起来的图,那么这个图不是连通的,因为图中 A,B 两个节点之间就不能用弧一段一段地连接过去.但如果你把图 2-16 的左中右看作三个各自独立的图,那么这三个图的每一个都是连通的.设想弧是导线,节点是接线柱,那么连通图只要一点带电,就整个图都带电.不连通的图则不然,可能一部分带电,而另外的部分不带电.

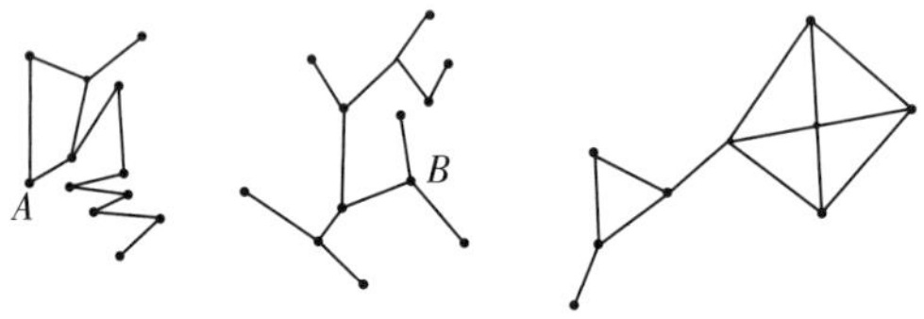

图 2-16　"图"的例子

连通的图按照图里面有没有圈,又可以分为带圈图和无圈图.所谓圈,就是从节点 A 连到节点 B,从节点 B 连到节点 C,从节点 C 连到节点 D,…,最后又回来连到节点 A.图 2-16 若看作三个独立的图的话,那么左图和右图都是带圈图,这些圈一眼就看得出来,只有中图是无圈图.

数学家把连通的无圈的图叫作树.的确,凡是连通的无圈的图,好好整理一番,都可以画成一棵树的样子.例如下面图 2-17 中(a) 的图,就是一个连通的无圈的图.随便取一个节点把它看作根,其他节点按照与根相距多少段弧来排列(弧的长短是无所谓的),就整理成一棵树. 例如，以节点 A 为根，就得到图 2-17 中(b) 的树，以节点 F 为根，就得到图 2-17 中(c) 的树. 读者还可以找别的节点做根试试看，一无例外都得到树.

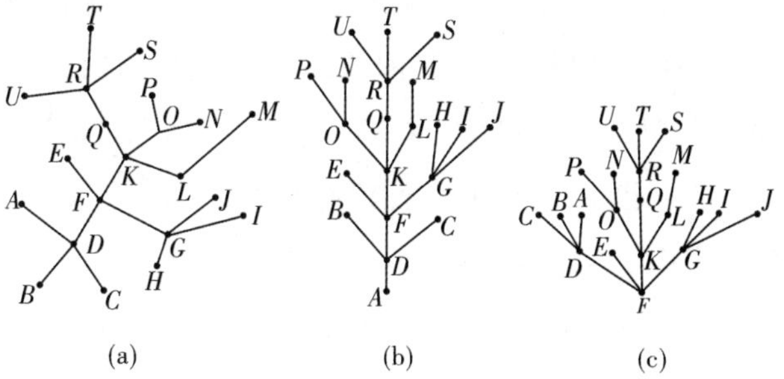

图 2-17　同一棵“树”的不同表达

有些基因进化方式可以用一棵“树”来表示，称为树式进化. 例如，基因演化序列为

$$(A,B)\to(B,C)\to(B,D)\to(D,E)\to(D,F)$$

这就是说，开始时只有等位基因 A 和 B. 后来，经过很多世代的演化，基因 A 被一个所谓的“优良的”基因 C 完全取代，变成只有等位基因 B 和 C. 这样，就从 (A,B) 进化到 (B,C). 后来，C 又被更优良的基因 D 取代，得到 (B,D)；B 被更优良的基因 E 取代，得到 (D,E)；E 被更优良的基因 F 取代，得到 (D,F). 这样一个进化过程，可以表现为图 2-18 的一棵“树”，虚线表示进化的各个阶段. 树式进化的特点是，每个阶段都有新的更优良的基因参加进来，取代相应的旧的基因. 至于基因为什么进化，那主要是由于基因突变或自然选择.

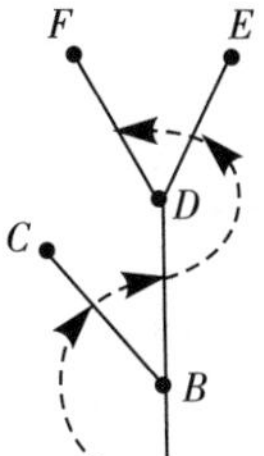

图 2-18　树式进化

有些基因进化方式可以用带圈的图来表示，或者说必须用带圈的图来表示，称为带圈式进化. 例如，基因演化序列为

$$(A,B)\to(B,C)\to(B,D)\to(C,D)\to(C,E)\to$$
$$(D,E)\to(E,F)\to(E,G)\to(F,G)\to(G,H)$$

用图表示出来，就得到图 2-19. 带圈式进化与树式进化有一个根本性的区别. 树式进化的每个阶段都有一个新的更优良的基因参加进来，并取代相应的旧基因. 但带圈式进化则不然，有时并没有新的基因出现. 例如从 (B,D) 到 (C,D)，基因 C 是原来出现过的，但后来被更优良的基因 D 取代了. 基因 C 既然没有基因 D 那么优良，为什么淘汰之后又捡了回来呢？原来，个别地讲虽然 C 不如 D，但组合成一个整体，C 取代 B 的位置，(C,D) 却比 (B,D) 优越. 同样，从 (C,E) 到 (D,E)，从 (E,G) 到 (F,G) 都是这样.

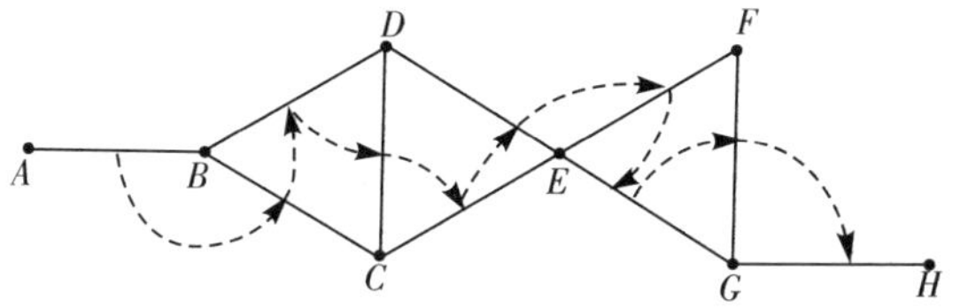

图 2-19　带圈式进化

有时，在基因进化过程中，两个基因都一起被新基因取代，这样就要用不连通图来表示基因进化，例如图 2-20. 读者现在已经可以自己解释这个图了. 有时，在进化过程中，基因的数目会增加减少，即新的基因参加进来却并没有取代旧的基因，或没有新的基因参加进来老的基因却被淘汰了一个. 这种基因进化方式也可以用图来表示，限于篇幅，就不多介绍了.

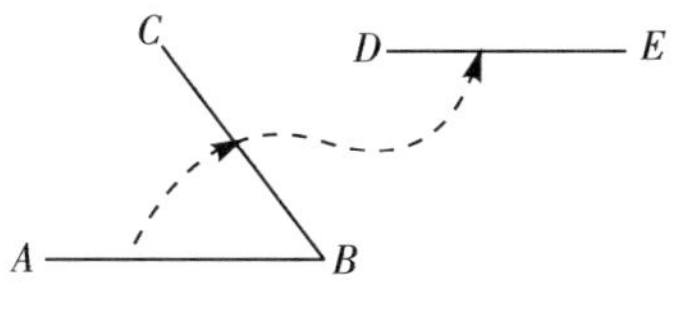

图 2-20　非连通图式进化

分子遗传学与遗传工程

关心生物学发展的读者经常能看到 DNA 这个英文缩写词，它的全称是 Deoxyribonucleic Acid，中译为脱氧核糖核酸. 关于 DNA 分子的结构如何和功能如何，是分子遗传学的主要研究内容之一. DNA 分子是遗传信息（有人称之为遗传密码）寄存的基本单位，所以 DNA 分子是生物传宗接代的主要物质基础.因此，DNA分子的结构问题和功能问题，几十年来一直吸引着许多生物化学专家和遗传学专家的注意.

最近的研究表明，DNA分子的空间几何结构对它在细胞里如何发挥其功能有重要影响.大家知道，DNA分子的空间构型呈双螺旋状，两条互补的核苷酸链缠绕在一起.以前认为，两条互补的核苷酸链缠绕在一条假想的基本上直线前进的轴上(图2-21中的虚线表示这条假想的轴)，形成下图所示的构型.后来，人们逐步搞清楚了，这条假想的双螺旋的轴往往不是直的，而是弯曲的，绕成圈子的，甚至扭成一个新的螺旋.这种螺旋绕成的螺旋，称为超螺旋结构(图2-22).

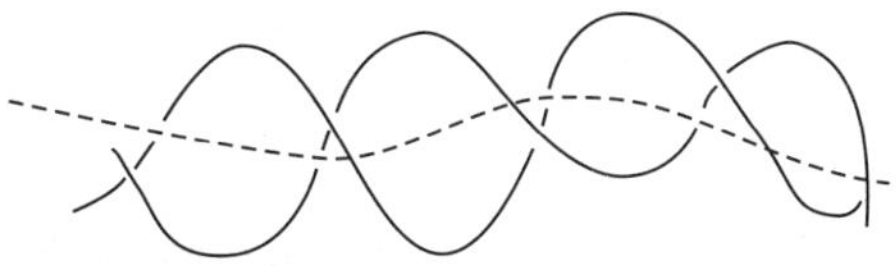

图2-21 双螺旋结构

图2-22 超螺旋结构

DNA分子的超螺旋的空间结构是一种普遍现象.现已查明，全部的DNA肿瘤病毒和许多细菌的DNA分子的空间构型都呈现多种多样的超螺旋结构.这样，很自然就会产生一个问题：怎样识别不同的超螺旋结构呢?在2-23中，上图和下图两个超螺旋结构看起来很相像，但仔细分析一下，就知道大不一样.上图的超螺旋构型的假想轴可以“摊开”变成一个简单的圈，下图的超螺旋构型就不能“摊开”变成一个放平的圈.可见，上图和下图表示的DNA分子的超螺旋构型，是有本质的不同的.

所以，要从空间构型来对DNA分子的超螺旋结构进行分类，就要用到几何学甚至拓扑学的知识.有趣的是，近年来在几何学和拓扑学之间出现了一种新的数学理论——扭结理论和打辫理论.这些应用

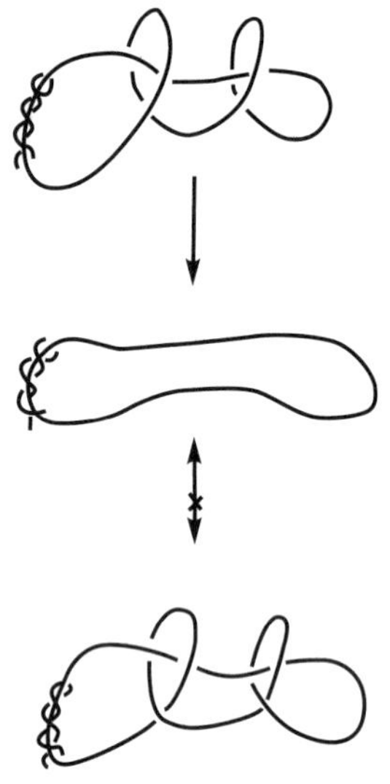

图 2-23　超螺旋结构分析

数学的新理论,正好可以在 DNA 分子的超螺旋构型的分类研究方面一显身手.

关心生物学进展的读者一定还知道所谓染色体在基因遗传方面起着决定性的作用.上面已经讲过,DNA 分子是基因存储的物质基础,基因按照一定次序排列起来,就成为用显微镜可以观察得到的染色体.图 2-24 中的圆域表示一个细胞,图中的粗线是显微镜观察到的染色体.对于这个图里面的染色体来说,以前所说的双螺旋结构(没有超螺旋构造的双螺旋)就足以说明所观察到的染色体的构造了,因为它们都可以由所有基因按照一定的次序沿一条线段或一段折线排列而得到.但目前生物学家已经观察到环形的和更复杂的染色体,这就需要超螺旋构型才能解释了.

图 2-24

遗传工程或遗传技术是生物学中非常时髦的一个方向.讲了那么多DNA分子构型后,就不难理解遗传工程和遗传技术大致上是怎么一回事了.目前常用的遗传工程技术,是先把甲生物细胞中的DNA分离萃取出来,甲生物细胞的遗传基因就在这DNA分子里了.现在,加入一种特殊的酶,它的作用,就像切割机一样,能把这个DNA分子切成片段,每段的大小相当于某些基因的长度.这种有切割作用的酶叫作限制性核酸内切酶;另外,要从细菌细胞中提取一种叫作"质粒"的特殊物质,也加入这种酶,把质粒切割开来,形成"黏性末端",准备起黏接的作用.然后,把甲生物细胞的DNA片段和这些切开的质粒混合在一起,它们会自动靠拢并互相结合起来.再加入一种特殊的酶叫作连接酶,它能像缝纫机一样,帮助把基因片段和质粒严密地缝好,于是形成一种人工合成的具有甲生物细胞的DNA的质粒.最后,将这些人工合成的大分子和乙生物细胞混合,由于质粒的运载作用,可以把甲生物细胞的部分DNA引导到乙生物细胞中去,和乙生物细胞的遗传器整合,并在乙生物细胞中繁殖和遗传.这样产生的下一代乙生物细胞,就具有甲乙两种生物细胞的遗传信息,从而人为地改变了生物细胞的遗传结构.

遗传工程技术,就是这样一种奇妙的遗传"手术".上面所讲的虽然只是最简单的一个过程,但已经把遗传工程技术的理论、工具和方法基本上反映出来了.遗传工程技术将给生物科学带来巨大的变革,尽管有一定的危险性,但是前景毕竟是十分诱人的.最近,美国生物学家利用遗传基因工程技术将萤火虫的荧光基因嫁接到烟草(烟草是最基本的生物工程实验用植物之一)中去,培育出在夜间荧光闪闪的大片烟草幼苗,就是遗传基因工程技术的具有代表性的成就.如果萤火虫(动物)的蛋白酶基因能够在烟草(植物)里表达出来,别的基因移植技术就更没有理由不可能实现.正是利用基因遗传工程技术,发达国家的一些企业和农场,已经培育出有熟葡萄味道的番茄,加工时不需要用黄油和盐也变得非常可口的玉米,等等.传统上要在热带可可园里种植收获加工后生产出来的昂贵的可可油,已经可以在生物工厂里直接从可可体胚中大量培养出来.这都是生物工程的巨大成就.

人们预言,在不远的将来,生物工程将为人类培育出多种多样更为可口更为合理的动植物食品，将为人类培育出更加美丽绚烂的树木花卉. 人类的生活将因生物工程变得更加美好.

2.6 作为科普作家的罗伯特·梅

混沌理论的代表人物都是很有特色的人物. 让我们从另一个侧面再来看看罗伯特·梅教授.

出身于理论物理的梅教授，敏锐地预感到生物学特别是生物数学的巨大变革，借助于他良好的数学修养和广泛的科学兴趣，毅然决然"改行"到生物科学圈子里，终于成为生物科学混沌理论的权威，并继续向包括医学在内的生物科学的深度前进. 梅的著述甚丰；在学术界里，像梅这样高产的作家，是罕见的.

前面已经说过，在大约 10 年的时间里，梅教授出版了两本专著，一本是《生态系统的稳定性和复杂性》；一本是《理论生态学：原理和应用》. 这两本书，都已成为标准的生态学研究生课程教材. 梅教授还主编了两本专题论文集，一本是《流行病的种群生物学》，另一本是《海洋深部生物群落考察》.

10 年时间里，梅教授发表了 100 多篇学术论文(其中一小部分是和别人合作的)，在多次国际学术会议上被邀请作专题演讲，或者致开幕词或闭幕词. 有趣的是，他的著作，不仅在生物科学出版机构发表，也在美国数学会等数学方面的机构发表. 这一方面说明国外学科之间的交叉渗透是很发达的，另一方面也说明梅教授在生物科学和应用数学两个方面都有很大的影响.

特别值得一提的是，梅教授还是一位热心的科普作家，在转行到生物科学圈子的头 10 年时间里，就发表了 100 多篇科普文章. 梅教授的科普文章经常发表在美国的《科学》《美国自然科学家》《科学美国人》《物理学通信》《美国动物学家》《美国科学家》《新科学家》《卫生杂志》《动物生态学杂志》《数理生物科学》等，还发表在澳大利亚、英国和德国的一些杂志上. 梅教授的文章，语言生动，图文并茂，很受读者欢迎. 一些杂志还经常请梅教授提供封面内容.

所以，如果你知道梅教授是英国著名的科普刊物《自然》的特约撰稿人时，是不会觉得意外的. 看看多年来梅教授在《自然》发表的科普文章的题目，就可以知道他的兴趣是多么广泛，思维是多么活跃.下面就是一小部分题目：

岛屿生物地理与自然保护区设计；
确定性模式的混沌性行为；
蚯蚓和植物；
热带雨林；
关于生态学文献的“生态学”；
群居昆虫与利他式进化；
海藻，鲍鱼和海獭；
群体生物学：从争论不休中摆脱出来；
不可逆转的后果；
捕鲸与渔业；
龙的生态学；
与害虫共存；
真是外星植物吗；
翼豆与生存竞争；
久旱祈雨；
生命史的最优决策；
食物毁于害虫；
种群遗传与文化继承；
乌干达象群；
洞穴是岛屿的翻版；
人类的繁衍；
流行病动力学；
人，猪，老鼠，在新几内亚；
蝉的周期生活；
植物尺寸有文章；
捕鲸：过去，现在和未来；
蚜虫毛翅上的寄生物；
南半球水域的生态学效应；
近亲交配是怎样发生的；

热带昆虫密度的波动；

气候变化对北极动物的影响；

植物共生现象的模式；

热带雨林的营养循环；

有蹄动物的繁衍方式；

雁群和其他鸟类的飞行方式；

动物园动物的近交问题；

动物故事给我们的告诫性启示；

奥杰布华人*的狩猎方式；

雪兔和猞猁的生态循环；

东南亚的青蛙和蜥蜴为什么比中美洲少；

世界上生态环境最坏的丛林；

蚁群的等级制度十分森严；

淋病的传播和控制；

哺乳类动物的垂直分布；

生态系统的循环指标；

合作式进化；

有用的热带豆种植物；

动物发情的外观信号；

亚马孙河地区的鱼类和森林；

物种之间的交互作用；

流行病的传播及后果；

用脚环做鸟类生态实验；

兽群免疫与预防接种；

什么情况下复杂的生态大系统变得稳定；

被捕食者-捕食者群落的极限环；

昆虫寄生现象的稳定性；

封闭生态系统中质量和能量的流动；

单个物种的密度涨落；

---

* 北美印第安人的一支.

三个物种竞争的非线性模型;
与基因流反向的基因渐变;
有限生存竞争与基因频率变化;
时滞生态系统可能达到稳定;
岛屿物种增长率的密度相关性;
在随机涨落的生物环境中如何收获自然资源;
血吸虫病的生态问题;
鸟类在稳定栖息地中的分布;
多稳定态生态系统的门阀与突变点;
性别选择;
食物网的构造;
鹰的繁衍;
伪装成蚂蚁的甲虫;
生物学悖论;
塞波涅*的鸟类;
共生现象的一项试验;
每个人都是潜在的动物学家;
大洋的噪声和渔业资源勘探;
保守生物学简介;
进化论生物学拾趣:马蜂和蚜虫的性别比例;
濒危物种:加利福尼亚神鹰的命运;
黑足雪貂的危运发出的警告;
抹香鲸密度与性别比的关系;
森林昆虫的流行病与物种水平周期;
欧洲狐狸和兔子的生态动力学;
流行病预防接种的年龄组划分;
人类寄生虫病的规律与预防;
麻疹和风疹的防治;
核战争的长期生物学后果;

* 英国著名生物学家怀特的故乡.

物种内部和物种之间的生存竞争；

空间因素、温度因素和遗传因素在寄生现象中造成的多样化；

预防接种计划的设计；

流行病传播速度与年龄的关系；

生态学思想：昨天和明天；

人口增长与地方性流行病；

先天性人类寄生虫病.

从上面摘录的文章题目，我们可以看到罗伯特·梅的科普著述是十分广泛和相当深刻的. 虽然我们还没有机会认真研读所有这些文章，但文章的标题似乎已经提供了很多有用的信息. 读者如果对其中某些文章有兴趣，准备深入钻研一番，欢迎写信给我，我可以回答在什么地方能够找到这些文章的问题.

以上摘抄的，还只是生物学、生态学和医学方面的科普文章. 生物学、生态学和经济问题是有紧密的联系的，所以梅教授也发表了一些经济学方面的文章. 有些是与生物学直接有关的，例如：

多种群渔业的最优管理；

自然资源的合理利用.

也有一些是纯粹经济学的文章，如发表在《经济政策评论论》上的：

货币贬值与限制进口的宏观经济后果.

应当说，罗伯特·梅成为一个生物学家，他的数学修养是起了很大作用的. 所以他在数学和生物数学杂志上也发表过不少比较普及性的数学文章，有的与生物问题一起讨论，有的则纯粹是对付数学问题. 这方面我们也摘录几篇：

适用于生物种群的差分方程组；

集合的随机嵌拼；

生态学和流行病学提出来的非线性问题；

三次映照的理论与实践；

游乐场里的数学.

大家还记得，罗伯特·梅原来是一位理论物理学教授. 理论物理方面的混沌学是近几十年来引人注目的科学发展，其中特别有一位叫菲根鲍姆的年轻人的卓越贡献，我们在下一章将专门谈这个问题.梅教授当然不会完全抛弃他的老本行，不时也在理论物理方面发表一些深入浅出的文章，其中最值得称道、最富有启发性的是：

周期倍分与湍流迸发；

菲根鲍姆常数的公式表达.

关于周期倍分，我们在前面已经接触过了：先是稳定解，后是双周期解，再后是四周期解，再后是八周期解……这种现象就叫作周期倍分，下一章会详细讨论这个问题，以及由此产生的菲根鲍姆常数和湍流现象.

搞生物，特别是研究生态学，老是坐在书桌前是不行的，一定要做实验，做考察.同样是到南美洲的亚马孙河地区考察，他的同事们都限于作生物考察，不愿越雷池一步，完成既定目标就得，但罗伯特·梅却不放过在其他课题方面做出成果的机会.考察生态环境的变化，人类的活动是一个重要的因素.考察归来，梅教授把他对亚马孙河地区印第安人活动遗址的观察作为考察的副产品，写了一篇带普及性的人类学方面的论文：

史前亚马孙河地区的印第安人.

同样作一次考察，兴趣广泛的人收获就大；同样做一次实验，兴趣广泛的人就有可能捕捉住一些"节外生枝"的意外现象.这常常是发现和发明的先导.

像罗伯特·梅这样一个学者，不会不对教育制度、教育思想发挥自己的影响.首先，他的大量科普文章就潜移默化地体现了他的教育思想.另外，他也在科普杂志上正面论述过一些教育学方面的问题.例如，一篇较有影响的教育学论文的题目是：

游戏、进化论和中学课程设置.

在一部分人中间似乎有这样一种误解：大科学家是不屑于写科普作品的.其实，中国的许多大科学家如茅以升、江泽涵、吴文俊等，都写过很优秀的科普作品.科学家写科普作品，不但是对社会的贡献、对青少年的贡献，也是自己在科学世界保持一颗求知的童心的好方法，这对于更多的发明创造是有好处的.科学家如果能把自己的高深的科学理论，用通俗的语言介绍给广大读者，那么他对自己的理论的掌握，就算是炉火纯青了.相反,如果离开那些艰涩的术语符号和繁难的运算公式就什么也讲不出来,只能说明你自己还处于似懂非懂之中.著名科学家钱学森教授曾经建议,每个博士学位研究生在写博士学位论文的同时,应当写一篇介绍他的博士论文的内容、方法和意义的科普文章.这真是一项意义深远的建议.

我们用了好几页的篇幅,把梅教授的作为科普作家的侧面介绍给读者.我们也希望,读者能够从我们这部科普小册子中得到各自的收益.

三　物理:菲根鲍姆常数

3.1　优秀而没有成果的学生

在混沌理论的发展中,除了沙可夫斯基序和李天岩-约克的“乱七八糟”之外,菲根鲍姆常数是又一项惊人的发现.

菲根鲍姆(M. Feigenbaum)是美国康奈尔大学的物理学家,他是当今世界物理学界的佼佼者.在许多文字和演说中,菲根鲍姆都曾被人赞扬为青年学者的楷模.《纽约时报》星期周刊绘声绘色地为他写了长篇报道.美国驻中国大使馆散发的中文杂志《交流》曾以他的巨幅照片作为彩色的封面.在青年学生心目中,说菲根鲍姆是一颗耀眼的新星,是恰如其分的.种种声名显赫的桂冠,连同丰厚的奖金,降落在他的头上.有志于科学的青少年,谁不羡慕菲根鲍姆的成就呢!

其实,菲根鲍姆的历程,并不是一帆风顺的.相反,在他学术生涯的头10年里,真是充满了挫折和不幸.比起本书介绍的所有其他科学家来,菲根鲍姆在学术黄金时代的经历是最坎坷不平的.命运之神并没有特别厚待他,反而曾经很不公平地粗暴地打击过他最早的重要发现和发明.

菲根鲍姆1944年12月9日出生在美国费城.他父亲是当地海军船厂的药剂师,为太平洋船队服务.二次大战以后,他们一家迁回纽约的布鲁克林,父亲在纽约港务局工作,母亲到一所公立学校教书.在孩童时代,家里的收音机把宇宙的奥秘展现在菲根鲍姆面前.

菲根鲍姆像其他孩子一样,对一切都充满好奇.他回忆道:

“每天早晨五点半或六点,收音机就响了.我知道是父亲打开了收音机.问题是,什么也没有进入收音机,它为什么能奏出音乐来呢?这是多么奇怪啊,真是非常了不起.我那时候就知道留声机这种东西

—— 当然是老式的.在我四五岁的时候,奶奶就曾破例允许我放送每分钟 78 转的唱片.”

要读完高中和市立大学并出人头地,从某种程度说,就是要驶过精神世界和“他人世界”的曲折航道.“小时候最初我非常喜欢交朋友.可是有些人总想欺侮我,有时还拳脚交加.住在下层市民集中居住的布鲁克林,这是司空见惯的事.我总是设法让他们相信,应该做我的朋友.”

长大了做什么?起初,他挑选专业的标准是力求实用.菲根鲍姆回忆道:

“在10岁或11岁的时候.我在布鲁克林就听说电气工程师是搞收音机的,还知道电气工程师不必担心找不到工作,收入也不少;真是了不起.后来上了大学我才明白,我渴望了解的收音机的知识,只不过是物理学的一小部分.”

就这样,菲根鲍姆在人生的道路上一脚迈入了物理学的大门.1964 年在纽约市立大学毕业以后,他进了麻省理工学院研究生院.1970 年,菲根鲍姆在麻省理工学院获得了基本粒子物理学的博士学位.

按照美国的教育制度,学生从一所大学毕业取得学士学位以后,多半要(申请)到另一所大学的研究生院攻读硕士或博士学位.麻省理工学院是一所世界水平的高等学府,位于美国东北部所谓新英格兰地区的马萨诸塞州的波士顿市.麻省理工学院又译作马萨诸塞理工学院,和另一所世界闻名的高等学府哈佛大学相距不过 1 英里.

研究生从一所大学取得博士学位以后,必须申请到别的地方工作,这同中国的毕业生分配制度很不相同.研究生毕业前夕,他们通常会自己写信向十几个甚至几十个单位申请位置,然后在同意安排的若干个单位中挑选一个,前往赴任.他们的去向,既有大学、中学、研究机构(包括军队和大公司的研究机构),又有工厂、企业和其他部门.如果是去大学或其他研究机构做带研究性质的工作,这个阶段就叫博士后研究阶段.

菲根鲍姆首先去了康奈尔大学.在美国的大约 2000 所大学当中,学术水平之高低悬殊.历史上,美国东北部最早开发的地区形成了一个排他性的常春藤大学联盟(Ivy League Schools)，其特点是私立贵族高等教育学府.这些学校按校名英文字母顺序包括以下八所学校：

布朗大学

哥伦比亚大学

康奈尔大学

达特茅斯学院

哈佛大学

普林斯顿大学

宾夕法尼亚大学

耶鲁大学

100多年过去了，美国大学的情况已经有了很大变化.一方面，别的大学赶上来了，例如同在这一地区的麻省理工学院，在大湖地区的芝加哥大学，在西海岸(太平洋沿岸)的斯坦福大学，伯克利加州大学，加州理工学院，等等.另一方面，这些常春藤大学本身也发生了很大变化.例如，过去只收白人学生，现在每年都给黑人学生保留一定的名额；过去只收男生，现在是男女同校.(有趣的是，有些常春藤大学招收女生是晚至20世纪60年代才开始的事.例如普林斯顿大学，是1969年才开始招收女生的.)到了20世纪80年代，常春藤大学差不多只剩下一个名字，联盟极其松散，除了体育比赛以外，简直看不出有别的"联盟"的内容.常春藤大学各种主要运动(以球类为主)一年一度都要进行比赛，这种比赛仍然是排他性的，除了把西点军校(传统上也是一所贵族学校)拉进圈子以外，仍不和其他学校来往.由于这些大学根基雄厚，历史上人才辈出，所以尽管别的许多学校也赶了上来，常春藤大学各校在学术上仍然占有较高的地位.人们对常春藤大学，还是有一定的推崇心理.

在美国的一些大学中，原则上教授是终身的，但是讲师和助理教授(也有译作襄教授的)都不是终身的，助教的工作则由研究生兼任.如果一个青年学者取得博士学位以后到了一所大学，要是不能迅速晋升到教授或特别申明带终身合约的副教授，顶多六年七年就必须离去.这六七年之间要从讲师晋升到助理教授，又要从助理教授晋升到副教授，或者再晋升到教授，时间其实是非常有限的.实行这样的制度的后果，一是激烈的竞争，二是频繁的流动. 先说流动：在一个地方短期内晋升无望，就要想办法挪窝，绝不待到期满失聘；再说竞争：主要就看科研成果，看科研能力. 工科的，看发明，看设计；理科的，看理论，看论文. 竞争是激烈的，但唯有在这样的竞争之中，大学才能保持高水平. 美国 20 世纪以来的科学进步，实在得益于这种博士后研究制度.

菲根鲍姆是在麻省理工学院这样的名牌大学取得基本粒子物理学博士学位的，康奈尔大学当然欢迎他. 其实，他虽然是基本粒子物理学出身的，那时已经迷上了后来叫作混沌理论的一些问题. 这些问题过去没有人深入地研究过. 没有现成的理论，没有现成的方法，把握更是谈不上. 但菲根鲍姆已经被迷上了. 剧烈的竞争要求每一个人显示水平. 对于搞理论研究的人来说，水平的外部表现，就是发表论文. 有些人明白这个道理，他们先去研究一些容易出成果的小问题，不断发表一些一般水平的论文，这样他们就站住脚了. 地盘巩固了，再去研究大问题. 有些人大小问题一起做，大问题虽然一年两年攻不下，小成果却还是不断，就这样以小养大，以短养长. 但是菲根鲍姆似乎不懂这些，他是完全被现在称为混沌理论的那些问题迷住了. 也许是新理论孕育时期的某种神奇力量驱使他这样做?不得而知. 但是，那个阶段他的确没有论文发表. 很快，他感到在康奈尔大学待不下去了.

如果说当初去康奈尔大学是凭着麻省理工学院的博士学位的硬招牌，那么现在要到新的地方去，拿得出什么新的成绩呢?履历表，和两年前差不多；论文目录，则相当可怜. 就这样，他到了弗吉尼亚专科学院. 麻省理工学院和康奈尔大学都是美国第一流的学校，而弗吉尼亚专科学院不论从哪方面讲都只能算三流的学校.

在弗吉尼亚，他仍然没有发表什么论文，所以日子还是不好过. 其实，正是在康奈尔大学和在弗吉尼亚专科学院的这段时间里，他进行了一生最有意义的思考. 因为他思考的是如此高深莫测的东西，没有人能够指点他，没有现成的方法可以利用，甚至没有人理解他的问题，没有人可以交谈，所以局面真是如坠烟雾，困难重重. 这段时间，他的确一无所获，日子过得黯淡极了. 一切都是如此松散杂乱，以至于他几乎以为自己的一生事业已经就此完蛋. 就这样，菲根鲍姆取得博士学位以后，在康奈尔大学和弗吉尼亚专科学院度过了博士后最初四年的

“毫无成就”的时光.

慧眼识英才的人总还是有的. 早在康奈尔大学那会儿,卡拉瑟斯(P. Carruthers)教授就注意到菲根鲍姆. 那时的菲根鲍姆当然算不上英才,但卡拉瑟斯发现他是一个很有才华的青年,他的那些显得古怪的问题往往包含着深邃的思考. 正好这时候,卡拉瑟斯要到洛斯阿拉莫斯实验室工作,爱才的教授就以助手的名义把菲根鲍姆带到了洛斯阿拉莫斯.

3.2　在“科学地狱”的门口

美国加州大学一共有 9 个分校,如伯克利分校,洛杉矶分校,圣迭戈分校. 其实各“分校”之间在行政上是完全独立的,并不比常春藤联盟诸校的松散关系更密切. 其中有一个洛斯阿拉莫斯分校,却不设在加利福尼亚州,而是坐落在东邻的新墨西哥州. 如果说洛斯阿拉莫斯加州大学不像其他加州大学那么有名气的话,它的实验室却是世界闻名的. 大家知道,世界上第一颗原子弹就是在洛斯阿拉莫斯实验室里研制出来的,虽然从行政上说,这个实验室是洛斯阿拉莫斯加州大学下属的一个机构.

前面说了,美国大学的教授都是终身的,但教授要开展研究工作,就要向国家的、军队的、大公司的基金会申请资助. 如果一位教授已经连续好几年不出成果,那么尽管他过去名气很大,仍然很难得到资助. 在一流的大学和研究机构里,申请不到资助的教授日子是不大好过的. 首先是开展科学研究总要有经费,没有经费真是寸步难行. 其次,申请不到资助的话,涨工资的机会就比别人少得多. 参加学术会议,要钱;发表学术论文,也要钱. 虽然别人可以在一个系或一个研究室的范围里调剂一点给你,但不仅数额极其有限,讨施舍的滋味也很不好受. 相反,如果在连年有研究成果的基础上,提出新的研究计划,得到有关基金会的资助,那就有经费开展科学研究,还可以雇用几名助手. 得到资助的另一个好处是可以从经费中得到假期工资. 大家知道,美国大学的假期是比较长的,暑假长达三四个月.

菲根鲍姆到了洛斯阿拉莫斯实验室,名为卡拉瑟斯的助手,但教授却放手让他自己做研究工作:愿意考虑什么问题就考虑什么问题,喜欢怎样研究就怎样研究,并且由于有了助手的名义,可以利用实验室的办公室、图书馆和计算机.

几年以来,菲根鲍姆在苦苦思索混沌现象,长期未有结果.要知道,他原来学的是基本粒子物理,而混沌现象——正如后来明确的那样——却属于理论物理的范畴;但他实在太入迷了.光阴流逝,晋升无望,他都置之不顾,对科学的热爱自会把一切烦恼推开.正如马克思所说,在科学的门口就像在地狱的门口.没有甘愿为科学下地狱的精神,又怎能窥视科学的真谛.

康奈尔大学和弗吉尼亚专科学院的四年虽然未出成果,但辛勤的思索总是会有收获的.到了洛斯阿拉莫斯实验室以后,工作条件好了,不用为应付上课而分心,他可以整天泡在办公室里、图书馆里,可以整天和计算机打交道.混沌现象难道就没有任何规律吗?他不相信.没有现成的理论工具,他就从“最笨”的函数迭代做起.几年时间里,他手不离微型计算机和自己那台可编简单程序的小型计算器,他一次一次地进行迭代计算,这样那样地拼凑组合,看看有什么规律可循.

在他刚到洛斯阿拉莫斯实验室理论部工作的头几个月,理论部的物理学家发现,菲根鲍姆——他们这位新同事——每天都可以工作16个小时!他的工作简直没有什么日程表,也不知道按时去学术厅喝咖啡.有时候,他独自在淡淡的夜雾中,良久徘徊在星光笼罩的小径上,甚至当地的警察都曾对他的行为感到恼火.他真是一个古怪的人物,好久才发表过一篇很平常的论文,而悉心钻研的却是混沌现象这样一个前景黯淡的题目.那时候,许多同事怀疑他能否有所建树.他们对他非常友好,很愿意帮助他,可是菲根鲍姆头脑里的问题常常是令人感到玄之又玄,比如他问“什么是时间”,周围的物理学家也不知道怎么回答才好.

在关于生物学的第二章我们讲过,生物学家认为,确定性的模式能产生古怪的结果这一点十分重要.但是菲根鲍姆却更进一步,他认为确定性的模式不仅能产生古怪的结果,而且一定存在着一些人们可以探索并且必须认真对待的重要规律.生物学家和数学家已经揭示出了简单迭代时发生的周期倍增现象,先是二周期的,再是四周期的,接下去是八周期的,十六周期的,直到发生紊乱.菲根鲍姆猜想,这个周期倍增,究竟还有别的更要紧的规律没有?差不多经历了 6 年苦思冥想,灵感终于到来.菲根鲍姆感到头脑里出现了一张图画,画面上有两个小波浪图形,一个大波浪图形,再没有别的东西.一个,两个;一个,变成两个…… 菲根鲍姆一次一次地进行迭代,记录数据,把这些数据拼凑来拼凑去,组合来组合去.最终,他得到了 20 世纪的重大发现之一:对截然不同的函数进行迭代,在迭代过程转向混沌时,它们竟遵循着同样的规律,它们都受到同一个数字的支配,这个数字就是 4.6692!

在浩如烟海的数字世界里,显露出 4.6692 这个神奇的数字,真是激动人心的事情.菲根鲍姆发现这个数字以后,干了任何数学家所必然会干的事情:对这个数字进行非常精确的计算,并且用它和圆周率 π、自然对数的底 e 等常见的常数比较,看看 4.6692 这个数能不能用已知的 π、e 这样的常数组合出来.经过许许多多的乘除运算,实在看不出 4.6692 这个新的常数和 π、e 等已知常数有什么联系.这时候菲根鲍姆真是又惊喜,又害怕.喜什么?喜的是自己可能发现了一个新的常数.怕什么?怕的是自己考虑不周,把一个可以由旧常数组合出来的数误认为是新的常数.能不能用旧常数把新的数组合出来,就是全部问题的关键.打个比方:圆周率 π 是人类认识史上的一项重大发现.设想一下,古代的学者在第一次发现圆周与直径之比总是 3.14 这个数时,会是多么激动!假如现在有一个人,突然发现圆周和半径的比总是 6.28,高兴得不得了,以为发现了一个和圆周率 π 不同的新常数.但是人们会告诉他,你的 6.28 只不过是早已发现的圆周率的 2 倍,这是一点儿也算不上新发现的.

菲根鲍姆发现 4.6692 以后,就这样又惊又怕地验算了好几个月.这几个月里,他一直疑虑重重,生怕自己仍然没有抓住关键要害.他仿佛觉得命运之神已经把一颗珍珠送到他怀里,而他却不知所措,无所适从.

在那之后有一天,菲根鲍姆正在吃午饭,那个模糊的波浪状图形重新浮现在他的脑海里.图形也许只不过是思维过程这座巨大的冰山露在水面上的山尖,而这个过程本身理应是在意识这条水线之下酝酿和进行的.菲根鲍姆突然想到,必须使用按尺度大小排列的方法,剔除许多无用的信息，显露事物的本质的特性. 菲根鲍姆终于证实了4.6692这个新的常数的诞生.

艰苦研究6年，收获的季节应该来临了. 菲根鲍姆把自己的重大发现和论证写成两篇论文，送去发表. 第一篇论文是1976年11月投稿的，但是被退了回来. 第二篇论文是在1977年4月向另外一个杂志投稿的，到1977年10月又被退了回来. 菲根鲍姆真是不知如何是好.

看来，命运之神并不那么爽快，她还要捉弄这位青年学子. 然而，混沌理论的建立毕竟是科学发展的大势所趋，幸运的数学家和生物学家已经走在前头，众多的物理学家已在呼唤新的理论. 这个刊物退回来，就投到另一个刊物去. 终于，菲根鲍姆的第二篇论文在改投到美国《统计物理学杂志》后，于1978年在第19卷上发表出来了. 文章的发表，引起学术界广泛注意. 这时，菲根鲍姆又把头一篇论文拿回来，经过认真修改补充，于1979年5月投寄《统计物理学杂志》. 这一次，情况好得多了. 不出半年，菲根鲍姆的头一篇论文就在投稿同年出版的《统计物理学杂志》的第21卷上与读者见面.

4.6692这个数，后来被称为菲根鲍姆常数. 由于论文的发表，学术界很快了解了菲根鲍姆的开创性工作和它的深远意义. 理论物理学界一度出现了菲根鲍姆热潮，康奈尔大学全力聘请菲根鲍姆回到物理系当教授.

从“地狱”到“天堂”，一条曲折的路.

3.3 周期倍增分叉现象

为了说明菲根鲍姆常数4.6692的意义，就要从周期倍增分叉现象开始.

在第一章和第二章，我们对于区间上的迭代已经比较熟悉了. 现在，略略改变一下叙述的方式，再来研究一下区间的迭代.

设 $x_n = f(x_{n-1})$，$n = 1,2,3,\cdots$，是区间$[0,1]$到区间$[0,1]$的一个迭代. 试想乘上一个正的参数 λ，变成迭代

$$x_n = \lambda f(x_{n-1}) \quad (n = 1,2,3,\cdots)$$

看看参数 λ 对迭代带来什么影响.

具体研究的时候，f 作为一般的、代表什么具体迭代都可以的抽

象符号，是不大容易把握的，所以应当从某一种具体的迭代开始，着手进行研究. 在上一章，我们对迭代 $x_n = Ax_{n-1}(1 - x_{n-1})$ 讨论得很多，现在就从这个已经比较熟悉的对象开始. 所以，现在 $f(x) = x(1 - x)$，或者 $x_n = f(x_{n-1}) = x_{n-1}(1 - x_{n-1})$，加了一个参数 λ，成为

$$x_n = \lambda x_{n-1}(1 - x_{n-1}) \quad (n = 1,2,3,\cdots) \qquad (*)$$

这就是本节研究的出发点，和第二章讨论的迭代比较，只不过把英文大写字母 A 换成了小写希腊字母 λ. 和以前一样，λ 限制在 0 和 4 之间，因为当 $\lambda > 4$ 时，把 1/2 放进去迭代，得到的值大于 1，就不再是[0,1]区间到[0,1] 区间的迭代了. 所以，λ 不能大于 4(图 3-1).

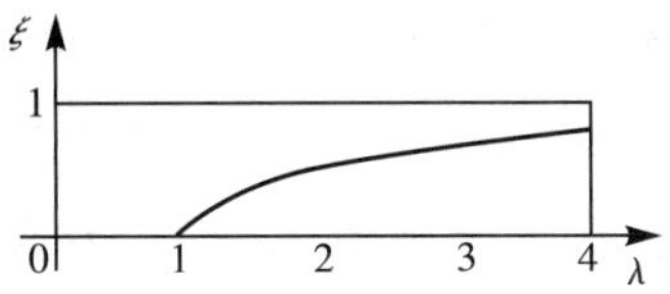

图 3-1　迭代的不动点的位置

迭代中，主要研究不动点和周期点的情况，得到的不动点和周期点都用一个希腊字母 ξ 表示. 这就是说，当 $f(\xi) = \xi$ 时，ξ 就是不动点；当 $f(\xi) \neq \xi$ 但 $f(f(\xi)) = \xi$，即迭代两次回到原处时，ξ 就是一个 2 周期点；以此类推. 不动点也就是 1 周期点，这就是为什么用同一个字母表示不动点和周期点的原因.

认真进行迭代，就会发现：

当 $0 \leqslant \lambda \leqslant 1$ 时，迭代系统在[0,1]区间内只有一个不动点 $\xi = 0$. 按照迭代公式(*)，不管参数 λ 是多少，0 代进去总是得到 0. 所以说，不管参数 λ 怎样，0 总是一个不动点. 这个不动点的内容太贫乏了，没有进一步研究的价值. 当参数 $0 \leqslant \lambda \leqslant 1$ 时，迭代系统都只有 $\xi = 0$ 这样一个贫乏的不动点.

当参数 $1 < \lambda \leqslant 4$ 时，$\xi = 0$ 仍然是一个(贫乏的)不动点，但是另一个不动点出现了，那就是

$$\xi = 1 - \frac{1}{\lambda}$$

请注意，当 $\lambda > 1$ 时，这个 ξ 就在 0 和 1 之间. 把这个 ξ 代入迭代公式(*)，因为

$$\lambda\xi(1 - \xi) = \lambda(1 - \frac{1}{\lambda})[1 - (1 - \frac{1}{\lambda})]$$

$$= \lambda\left(1-\frac{1}{\lambda}\right)\frac{1}{\lambda} = \left(1-\frac{1}{\lambda}\right) = \xi$$

所以得到的还是 ξ. 可见，只要 $\lambda > 1$，$\xi = 1-\frac{1}{\lambda}$ 就是一个不动点.

根据以上的初步分析我们知道，在 $0 \leqslant \lambda \leqslant 1$ 这一段，迭代(＊)只有一个贫乏的不动点 $\xi = 0$，在 $1 < \lambda \leqslant 4$ 这一段，迭代(＊)至少有两个不动点，一个是贫乏的不动点 $\xi = 0$，另一个是 $\xi = 1-\frac{1}{\lambda}$. 以 λ 为横轴，不动点 ξ 的位置为纵轴，就得到图 3-1，它标出了我们已经知道的那些不动点的位置.

既然是迭代，就要看长期迭代的效果. 作为一个不动点，则要看是否稳定. 从迭代公式来看，$\xi = 0$ 当然是一个不动点. 但是从一个生物系统或者一个物理系统里得到的数据，一般总是近似的. 比方说，$\frac{1}{2}\sqrt{2}$ 是一个准确数，但真要交给电子计算机进行计算，只能先把它变成一个像 0.707 这样(或者再多几位)的近似数. 稳定的意思是说，当用近似值代替精确值进行迭代时，会不会“差之毫厘，谬以千里”. $\frac{1}{2}\sqrt{2}$ 这样一个完全是从数学中得出来的数尚且要讲究稳定性，从生物系统或物理系统里得到的数据就更要看它是否稳定了.

真的去做一下迭代就可以发现，当 $\lambda > 1$ 时，0 这个不动点是不稳定的. 这就是说，只要和 0 差一点点，长期迭代下去，就会跑得很远. 以 $\lambda = 2$ 为例，用 0.0001 代替 0 进行迭代，情况如下(括号里的数字表示迭代次数)：

0.000 1	(1)
0.000 2	(2)
0.000 4	(3)
0.000 8	(4)
⋮	⋮
0.092 6	(10)
⋮	⋮
0.499 3	(15)
0.499 7	(16)

0.500 0　　(17)

0.500 0　　(18)

0.500 0　　(19)

⋮　　⋮

可见，从 $\xi = 0$ 这个不动点旁边一点点的 0.000 1 开始迭代，很快就跑到别的地方去了. 如果从 0.000 000 01 或 0.000 000 000 000 1 开始，多花一点时间，也是要跑到别的地方去的.

跑到哪里去？当 $\lambda = 2$ 时，跑到 0.5 去，因为 $1 - \frac{1}{\lambda} = 1 - \frac{1}{2} = \frac{1}{2}$，这 0.5 恰恰是另一个不动点. 所以我们说，当 $\lambda = 2$ 时，$\xi = 0$ 这个不动点是不稳定的，而 $\xi = 1 - \frac{1}{\lambda} = 0.5$ 这个不动点是稳定的. 事实上，对所有 $\lambda > 1$，$\xi = 0$ 这个不动点都是不稳定的. 把上面表示参数 λ 和不动点 ξ 的关系的图里面已经知道是不稳定的那些不动点的轨迹用虚线表示，就得到图 3-2 那样一张新的图. 因为稳定的不动点更值得注意，虚线将来一般就不画出来，或者只画开头一点点.

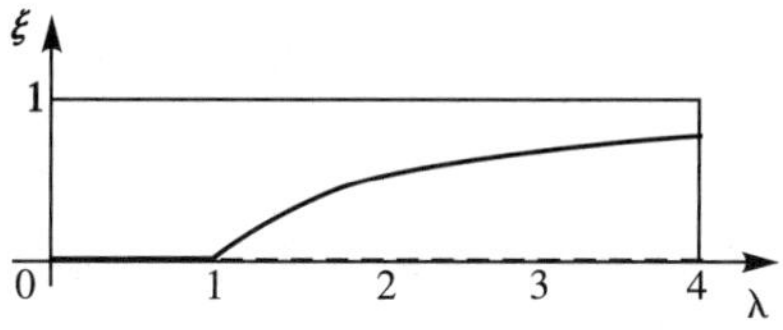

图 3-2　稳定的不动点的位置

当参数 λ 再增大时，人们发现，如果 $\lambda > 3$，$\xi = 1 - \frac{1}{\lambda}$ 这个不动点也变得不稳定了. 例如取 $\lambda = 3\frac{1}{3}$，$\xi = 1 - \frac{1}{\lambda} = 1 - \frac{3}{10} = 0.7$ 是一个不动点. 但是只要误差一点点，比方说用 0.669 去迭代，就会跑到别的地方去. 迭代情况如下：

0.669　　(0)

0.738　　(1)

0.644　　(2)

0.764　　(3)

0.601　　(4)

0.799	(5)
0.545	(6)
0.829	(7)
0.472	(8)
0.830	(9)
0.469	(10)
0.830	(11)
0.470	(12)
0.830	(13)
0.470	(14)
⋮	⋮

后来就一直不靠近原来的出发点 0.669. 跑到哪里去了呢?原来,一会儿 0.830,一会儿 0.470,就在 0.830 和 0.470 这两个 2 周期点之间来回游动. 从这个迭代试验知道,当 $\lambda=3\frac{1}{3}$ 时,不动点 $\xi=0$ 和 $\xi=1-\frac{1}{\lambda}=0.7$ 都是不稳定的. 相反,2 周期点 0.830 和 0.470 是稳定的.

这样的迭代在第二章也做过. 那时有一个例子是 $\lambda=3.2$,两个稳定的 2 周期解是 0.799 5 和 0.513 0. 这样用不同的 λ 一次一次做试验,把得到的稳定的 2 周期点标在坐标纸上,就得到图 3-3. 在图 3-3 中,虚线表示不稳定的不动点,只画出一点点. 实线则表示稳定的不动点和稳定的 2 周期点的位置. 请注意这个图把 ξ 放大了,这是和上两个图不同的地方.(图中两对"×"号,分别表示上两例 $\lambda=3.2$ 和 $\lambda=3\frac{1}{3}$ 时所得到的稳定的 2 周期解)

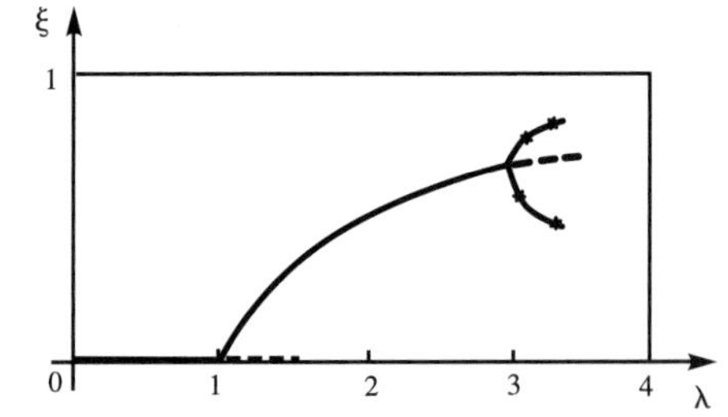

图 3-3 稳定周期点的轨迹发生分叉

现在,让参数 λ 再增大,就可以知道,当 $\lambda>3.449\cdots$ 时,2 周期解

也变得不稳定了，情况就和参数增大到 $\lambda > 3$ 时 1 周期解（1 周期解就是不动点）变得不稳定一样. 这时，取而代之的是稳定的 4 周期解. 当参数 λ 继续增大，使得 $\lambda > 3.544\cdots$ 时，4 周期解又变得不稳定了，取而代之的是稳定的 8 周期解. 图 3-4 就是这一过程的示意图，它不是按比例画的. 因为丰富的变化都出现在 $\lambda = 3$ 以后，所以 $\lambda = 3$ 以右的部分就画得放大一些. 图上的实线表示稳定的周期点的轨迹，虚线是失稳的周期点的轨迹.

有趣的是，如果把试验继续做下去，当参数 λ 超过 $3.564\cdots$ 时，8 周期解又失稳了，出现了 16 个 16 周期解；当参数 λ 超过 $3.5687\cdots$ 时，16 周期解又失稳了，出现了 32 个 32 周期解……这样一段一段重复下去.

从稳定的 1 周期解（不动点）分解为两个稳定的 2 周期解，图上出现了分叉，两支新的稳定的 2 周期解的轨迹分别位于已失稳的 1 周期解（虚线）的上方和下方. 从稳定的两个 2 周期解分解为稳定的 4 个 4 周期解，也是重复这样的分叉过程. 随着参数 λ 的增加，稳定的周期解的轨迹就这样一段一段重复分叉下去.

把稳定的 1 周期解分解为两个 2 周期解的地方（例子中的 $\lambda = 3$）记作 λ_1，又把两支稳定的 2 周期解分解为 4 支稳定的 4 周期解的地方（例子中的 $\lambda = 3.449\cdots$）记作 λ_2，把 4 支稳定的 4 周期解分解为八支稳定的 8 周期解的地方记作 λ_3，…，我们就可以把以上计算机做的迭代试验结果总结如下：

随着参数 λ 的增大，先是只有周期 1 的稳定解；当 λ 增大到 λ_1 时，周期 1 的稳定解分叉为两个周期 2 的稳定解；当 λ 增大到 λ_2 时，周期 2 的稳定解分叉为四个周期 4 的稳定解；当 λ 增大到 λ_m 时，周期 2^{m-1} 的稳定解分叉为 2^m 个周期 2^m 的稳定解；如此继续下去. 这就是著名的**周期倍增分叉现象**（图 3-4）.

值得注意的是，周期倍增过程是没有限制的，1 分为 2，2 分为 4，4 分为 8，…，可以一直这样分下去. 但是，对应的 λ_m 值却有一个极限

$$\lambda_\infty = 3.569,945,672,\cdots$$

这里，符号 ∞ 念作“无穷”. 这种分叉点 λ_m 有极限 λ_∞，意思是：随着 m 的增加，$\lambda_1, \lambda_2, \lambda_3, \cdots, \lambda_m, \cdots$ 越来越接近 λ_∞，相差越来越小. 最后，当参数 λ 达到 λ_∞ 时，这个迭代的稳定解是周期为 2^∞ 的周期解. 2 的无穷次

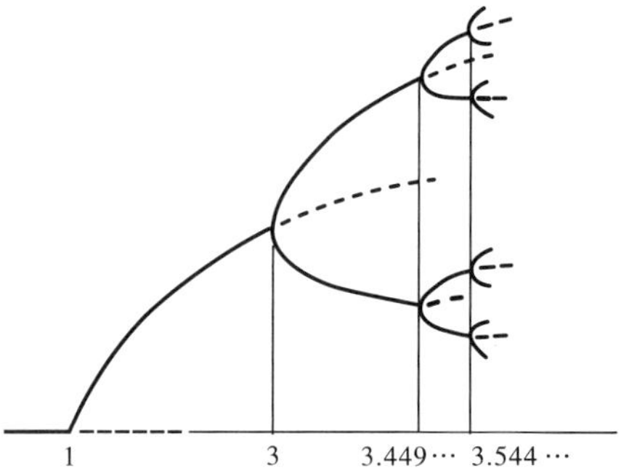

图 3-4　周期倍增分叉现象

方幂当然是无穷大的,周期是 2^{∞},就是周期无穷大.无穷大周期还有什么周期可言?所以,这时得到的其实是非周期解.周期无穷大,也就是没有周期了.所以,从 λ_{∞} 到 4 这一段,迭代系统就出现混沌现象.前两章都讲了“简单的方程,古怪的结果”.从简单到复杂,从规矩到古怪,原来就是周期倍增分叉的结果!

图 3-5 就是周期倍增分叉现象及其后果的示意图.为了突出说明分叉现象,这张图也不是照比例画的.这张示意图给人一种直观的感觉:周期倍增分叉,越分越密,密得不得了的时候,就糊成一片,出现混沌.但是读者还是应当从周期的角度出发把握从周期到混沌的机制:周期倍增,越来越大,当周期大得无穷大时,已无周期可言,迭代的数据到处乱跑,无法把握,出现混沌现象.

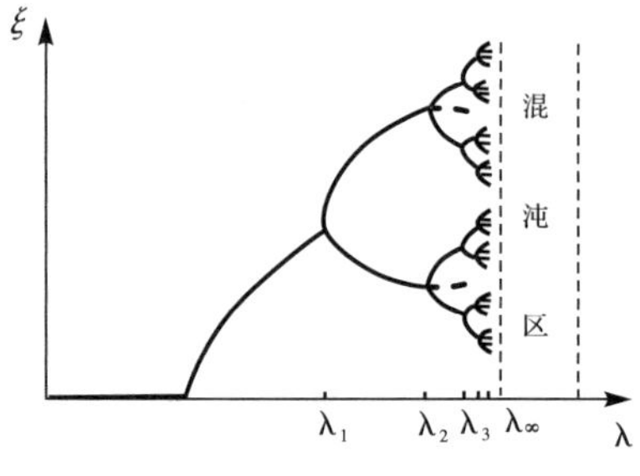

图 3-5　周期倍增分叉导向混沌

周期倍增分叉现象所造成的混沌,在心脏生理学方面有潜在的应用价值.心律不齐、心肌梗阻这些医学难题,有可能找到正确的答案.

早在 1928 年,就有人用耦合的非线性电路模拟过心脏搏动和心律不齐现象.心脏搏动的驱动振子位于窦房结,激励传导到房室结、房室束和它附近的束支之后,引起心脏的收缩.如果窦房结不能正常地发出激励信号,位于其他地方的异位节奏点也可能发出激励信号,这是心律不齐的一个原因.因此,心脏的正常搏动和病态搏动,可以用耦合非线性振子的同步过程来模拟.

最近有人把鸡胚心肌细胞成团地分离出来,在培养皿中观察.在没有外来刺激时,这些细胞团自发地、无规则地跳动着,周期在 0.4 ~ 1.3 秒.当外加脉冲电流时,它们的跳动就同步起来,整齐起来,而且锁频到脉冲频率上,即逐渐变成完全随脉冲电流的频率来跳动.在把脉冲电流周期从 0.1 秒调整到 0.7 秒的过程中,细胞团的跳动就经过周期倍增分叉进入混沌状态.由于近几年在解剖学和电生理学方面得到了证据,说明在房室结下方还有一个潜在的振子,因此许多科学家建议用周期驱动的非线性振子模型,代替传统的"传导受到阻滞"的概念,来解释更多的病理现象.这就是说,许多病理现象可能不是由于传导受到阻滞而产生的,问题可能来自周期倍增分叉从而进入混沌状态这样的频率失调.

心律失常的另一种表现是心房或心室的完全无规则的颤动,特别是室性颤动属于十分危险的症状.看来不能排除用非线性振动进入混沌状态的过程来认识这种症状的可能性.

此外,在非线性的药物代谢动力学中,在生理和病理现象的自动调节模型中,都遇到非线性系统进入混沌状态的问题.人们预料,混沌行为的研究,可能在生物科学和医学领域找到更多应用.

3.4　菲根鲍姆普适常数

如果只是周期倍增分叉现象,那么生物学家和数学家做得也差不多了.菲根鲍姆之所以被誉为做出了 20 世纪称得上伟大的发现,是他洞悉了周期倍增分叉现象的更深刻的规律,从而真正揭示出系统从有序转向混沌的秘密.

菲根鲍姆的主要发现是:在周期倍增分叉过程中,随着分叉次数 m 的增加,相邻两个分叉点 λ_m 和 λ_{m+1} 的间距 $\Delta_m = \lambda_{m+1} - \lambda_m$ 组成一个等比数列,分叉宽度 ξ_m 也组成一个等比数列,并且这两个等比数列都有极限.菲根鲍姆还测出了这两个等比数列的公比,它们的倒数就分别叫作菲根鲍姆常数 δ 和菲根鲍姆常数 α.

读者在高中阶段已经学过等比数列，也学过什么时候等比数列的和有极限. 中学课本里这样说：如果一个数列 $a_1, a_2, a_3, \cdots$ 从第 2 项起，每一项与它前一项的**比**等于同一个常数，这个数列就叫作等**比数列**，这个常数就叫作等比数列的**公比**，通常用 q 表示. 当公比 $q \neq 1$ 时，等比数列前 m 项的和是

$$S_m = \frac{a_1(1-q^m)}{1-q}$$

公比 q 的绝对值小于 1 的无穷等比数列前 m 项的和当 m 无限增大时趋向于一个极限 S：

$$S = \frac{a_1}{1-q}$$

菲根鲍姆的第一个数列是**分叉间距**数列

$$\Delta_1 = \lambda_2 - \lambda_1, \Delta_2 = \lambda_3 - \lambda_2, \Delta_3 = \lambda_4 - \lambda_3, \cdots$$

它的每一项都是一个分叉点到下一个分叉点的距离，所以都是正的，每一项大约等于它的前一项的 $\frac{1}{4.7}$. 分叉间距在图 3-6 上表示得很清楚，但是要注意，图不是按比例画的，原来比较细微的部分放大得比较多，这只是为了示意图看起来方便.

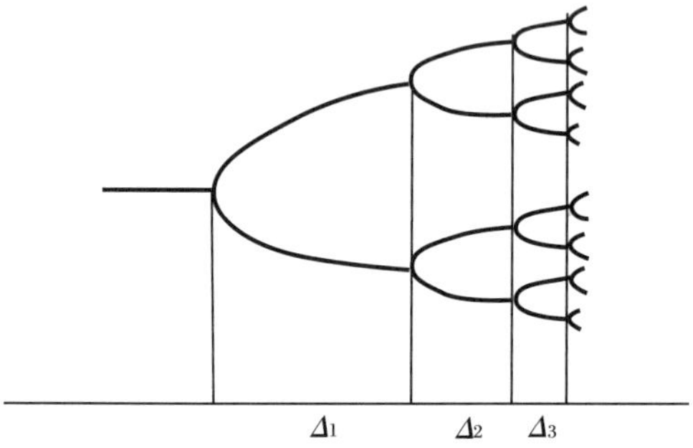

图 3-6　分叉间距变化示意图

菲根鲍姆的第二个数列是**分叉宽度**数列

$$\varepsilon_1, \varepsilon_2, \varepsilon_3, \cdots$$

请注意 $2^1 = 2$，ε_1 就叫作 $2^1 = 2$ 周期解的分叉宽度. 大家记得，随着参数 λ 的增大，到了 λ_1 以后，稳定的 1 周期解（不动点）就分叉为两个稳定的 2 周期解，并且随着 λ 继续增大，两个稳定的 2 周期解分开得越来越远. 如图 3-7 所示，到 λ_2 这个地方时，再过去一点点的话，稳定的 2

周期点就要分叉为 4 周期点了，所以 λ_2 这个地方 2 周期解分开得最远，这个地方的两个 2 周期解的距离 ε_1，就叫作 $2^1=2$ 周期解的(最大)分叉宽度.同样的道理，一支稳定的 $2^1=2$ 周期解在 λ_2 处分叉成两支稳定的 $2^2=4$ 周期解以后，在 λ_3 这个地方分开最远，所以在 λ_3 这个地方一对 $2^2=4$ 周期解的距离 ε_2 就叫作 $2^2=4$ 周期解的分叉宽度.接下去，一支稳定的 $2^2=4$ 周期解在 λ_3 处分叉成一对稳定的 $2^3=8$ 周期解，在 λ_4 处达到最宽，所以 λ_4 处一对稳定的 $2^3=8$ 周期解的距离 ε_3 是 $2^3=8$ 周期解的分叉宽度.

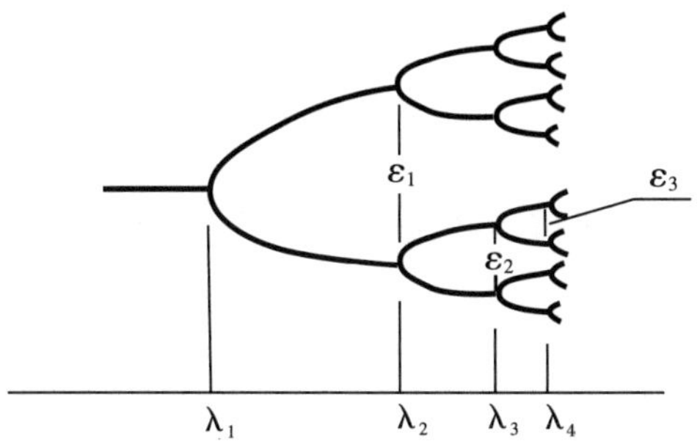

图 3-7　分叉宽度变化示意图

以此类推.菲根鲍姆发现，在数列

$$\varepsilon_1, \varepsilon_2, \varepsilon_3, \cdots$$

中，每一项等于前面一项的大约 $\frac{1}{2.5}$.

这两个等比数列的发现，使人类对简单方程的确定性系统是怎样走向混沌的，有了深刻的认识.原来，从规矩到混沌，并不是说乱就乱的，而是按照一定的规律走向混沌！

和中学讲的有点不同的是：菲根鲍姆的分叉间距数列

$$\Delta_1, \Delta_2, \Delta_3, \cdots$$

和分叉宽度数列

$$\varepsilon_1, \varepsilon_2, \varepsilon_3, \cdots$$

并不是中学说的后项比前项一定是等于 q 的那种数列，而是后项比前项之比越来越接近 q 的那种数列，即渐近的等比数列.菲根鲍姆用电子计算机做迭代试验证实，当 m 越来越大时，分叉间距之比(后项与前项之比)

$$\frac{\Delta_{m+1}}{\Delta_m} \to \frac{1}{4.669201609\cdots}$$

分叉宽度之比

$$\frac{\varepsilon_{m+1}}{\varepsilon_m} \to \frac{1}{2.502907875\cdots}$$

这里，箭头 → 读作“趋近于”，表示越来越接近.

后项比前项，就是看后项等于前项的多少分之一. 反过来，可以用前项比后项，就是看前项等于后项的多少倍. 所以，菲根鲍姆自己通常采用

$$\frac{\Delta_m}{\Delta_{m+1}} \to 4.669201609\cdots$$

$$\frac{\varepsilon_m}{\varepsilon_{m+1}} \to 2.502907875\cdots$$

这样的写法. 下面表中所列的，就是一次迭代试验的数据结果，用的迭代函数是

$$f(x) = \lambda x(1-x)$$

所以迭代公式是

$$x_n = \lambda x_{n-1}(1-x_{n-1})$$

表中 m 是分叉点的号码，间距比值 $\frac{\lambda_m-\lambda_{m-1}}{\lambda_{m+1}-\lambda_m}$ 就是 $\frac{\Delta_{m-1}}{\Delta_m}$. 从表中可以看出（与中学所讲的等比数列前后项之比固定不同），间距比值并不是一开始就等于4.669201609…，而是越来越接近这个数.

表 3-1　$f(x) = \lambda x(1-x)$ 的迭代试验

m	分叉情况	分叉值 λ_m	间距比值 $\frac{\lambda_m-\lambda_{m-1}}{\lambda_{m+1}-\lambda_m}$
1	1 分为 2	3	
2	2 分为 4	3.449489743	4.751466
3	4 分为 8	3.544090359	4.656251
4	8 分为 16	3.564407266	4.668242
5	16 分为 32	3.568759420	4.66874
6	32 分为 64	3.569691610	4.6691
⋮	⋮	⋮	⋮
∞	周期解 → 混沌	3.569945972	4.6692016909…

如果一个人不是迷上了迭代系统的混沌问题，很可能得到4.6692这个数以后，也会把它丢掉. 成名以后，菲根鲍姆在《洛斯阿拉莫斯科学》杂志上发表的一篇文章里谈到了他的故事.

等比数列也叫几何数列，几何级数. 等比数列有极限这样的事，在

科技界里一般叫作几何收敛．菲根鲍姆写道（方括号内是本书作者的注）：

我的发现

两方面的事情促使我探索混沌理论．首先是在20世纪70年代初，人们已经发现迭代过程有一些重要的性质：当参数变化时，迭代行为也随之变化，并且不管你用什么函数来迭代，这种行为的变化似乎只受参数的影响，迭代函数本身的影响反而看不出来．周期倍增分叉现象已经被许多人观察到了，不断地周期倍增下去，最后，系统就出现飘忽不定的难以捉摸的行为．

另一方面，在20世纪70年代，所谓动力系统的数学理论已经相当普及．奇异吸引子[这是又一个深刻的概念，本书将不涉及]更促使人们考虑两个问题．一，确定性的方程是怎样表现出难以捉摸的统计性质的；二，这些统计性质能不能算出来．这种想法是从迭代中来的，系统无限地迭代下去，很可能使我们能够理解湍流[力学和理论物理的一个专题]是怎样发生的．最大的鼓舞来自斯梅尔教授1975年夏天在艾斯本的一次讲演．斯梅尔是数学动力系统理论的奠基人．[参看本书第五章的介绍]听了他的演讲以后，我决心深入地研究函数迭代这个问题．

我原来是从二次函数

$$x_n = \lambda x_{n-1}(1 - x_{n-1})$$

做起的．经过一段时间的研究，我发现了系统周期倍增是怎样发生的，并且仿佛找到了计算分叉点 λ_m 的途径．我估计到这样做是非常困难的，但看来至少会建立一套近似计算的办法．所以，当我听完斯梅尔教授的报告从艾斯本回到洛斯阿拉莫斯以后，就专心致志做迭代试验，看看能否算出一些重要的参数值来．在这个阶段我并没有使用大型的电子计算机．

其实当时我只用我的可编简单程序的袖珍计算器.现在看来,计算器工作得是很慢的.当周期是 64 的时候,差不多一分钟才能做一个循环.当周期进一步倍增时,花的时间就更多了.幸亏,我很快领悟到,分叉间距应当是几何收敛的.这使我能从上一个分叉点就预计到下一个分叉点的大概位置,从而大大提高了试验效率.我之所以成功,就是因为我头一个领悟到几何收敛.别人也做过许多迭代,但他们都用大型的高速的电子计算机.虽然不知道几何收敛,但是他们想算什么就很快能得到结果.我的计算器算得很慢,要不是领悟了几何收敛的必然性,我的试验是做不下去的.我的几何收敛,是逼出来的.

几何收敛确实被观察到了,这使我非常兴奋.首先,这使我冥思苦想好多年的问题有了解决的希望,另外,这在数学上当然也是很有意义的.在发现了 4.669 这个收敛速度以后,我花了大半天时间看看能不能用我已经知道的那些常数[如圆周率 π,自然对数的底 e,等等]把 4.669 这个数凑出来.我的这种尝试毫无结果,但却把 4.669 这个数字深深地印在了我的脑子里.

这时,我的同事斯坦恩(P. Stein)提醒我,周期倍增现象并不只是像 $x_n=\lambda x_{n-1}(1-x_{n-1})$ 这样的二次迭代才有,别的迭代,例如

$$x_n=\lambda\sin\pi x_{n-1}$$

也会产生周期倍增现象.我过去只研究过二次函数迭代,对超越函数迭代,真是不知如何下手.[笼统地说,不是代数函数,就是超越函数.所以 $f(x)=\lambda\sin\pi x$ 是超越函数.超越函数通常比代数函数困难得多.]他这么一说,我的热情顿时消失了大半.

一个多月以后,我终于下定决心把超越函数也拿来做迭代试验.这一次,计算器算得更慢.但是我

很快就看出来了，对于这个超越函数迭代，分叉间距也是几何收敛的. 更令人激动的是，收敛速度(每次缩小的倍数)也是4.669，就是一个多月前我想用别的常数把它凑出来的那个数字!

回想起来，斯坦恩他们已经定性地发现了周期倍增分叉现象，而我现在却能够定量地说明周期倍增分叉现象的规律. 周期倍增分叉现象和规律的发现，大大改变了人类对宇宙的认识. ……

按照传统的观念，只有在质的方面类似的系统才会产生在量的方面类似的行为. 现在知道，性质完全不同的系统(如代数函数迭代系统与超越函数迭代系统)，却会产生在量的方面完全相同的行为. 真是不可思议. 所以，周期倍增分叉现象及其规律的发现，的确大大改变了人类对宇宙的认识.

在初中我们知道，$y=kx$ 是正比例函数，$y=kx+b$ 是一次函数. 一次函数也叫线性函数，虽然它本身不一定是正比函数，但自变量的改变引起函数值的改变是正比的. 比如 $y=5x+9$，x 从0变成2改变了2，函数值 y 从9变成19改变了10；x 从0变成6改变了6，函数值 y 从9变成39改变了30. 所以说，线性函数的改变量是与自变量的改变量成正比例的.

不是线性函数的函数，都叫作非线性函数. 例如前面讨论过的

$$f(x)=\lambda x(1-x)=\lambda x-\lambda x^2$$

$$f(x)=\lambda\sin\pi x$$

都是非线性函数. 非线性函数因为函数值改变量和自变量改变量不成正比例，所以复杂得多.

菲根鲍姆对许多非线性函数进行迭代试验，都得到分叉间距之比趋向4.669… 的结果和分叉宽度之比趋向2.502907875… 的结果. 这并不是巧合，而是自然界的普适常数. 现在

$$\delta=4.669201609\cdots$$

和

$$\alpha=2.502907875\cdots$$

分别被称为菲根鲍姆 δ 和菲根鲍姆 α，统称菲根鲍姆常数.

与李天岩和约克解决区间迭代混沌问题的风格不同，菲根鲍姆常数完全是在与成千上万的数字朝夕相处之中终于一朝醒悟得以发现的.真是皇天不负有心人.菲根鲍姆常数表明了一个系统在趋向混沌时周期倍增的精确速度，表明了分叉间距衰减和分叉宽度衰减的精确速度."乱中有治"，大自然就是这么神奇.

3.5 不稳定性与伪随机过程

研究一个系统的时候，这个系统是不是稳定，当然是一个十分重要的问题.粗略地说，如果现在的情况相差不大，随着系统的运行，将来的情况也相差不大，这样的系统就是稳定的.如果现在的情况相差一点点，将来的情况就相差很大，甚至得到完全不同的结局，这样的系统就是不稳定的.有时候，在同一个系统里，也有稳定的部分和不稳定的部分.例如，考虑图 3-8 表示的液体平面流动的系统，系统里有两个

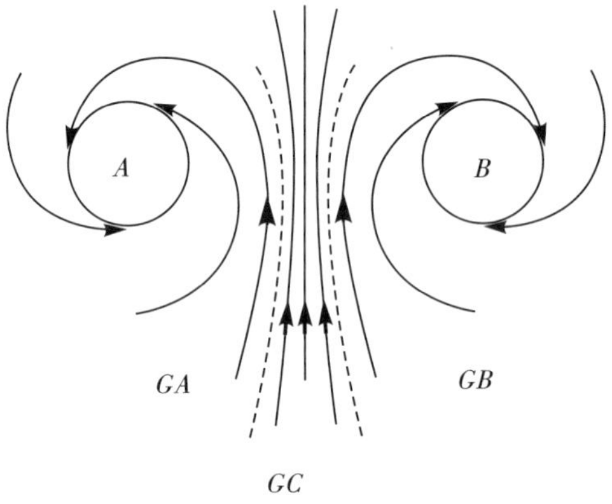

图 3-8　一个平面液体流动模型

漏洞 A 和 B.当液体流过 A 和 B 附近时，一部分注入 A，一部分注入 B，另一部分继续向前流去.假如水源是恒定的，在 A 和 B 附近就形成三个区域，在图上用虚线分界开来.进入区域 GA 的液体将流入漏洞 A，进入区域 GB 的液体将流入漏洞 B，在区域 GC 的流体将通过 A 和 B 附近的流场，继续向前流去.这时候可以看出，对于 GA，GB 和 GC 三个区域内部的任何一点来说，液体的流动都是稳定的，原来经过这个点的流动如果偏差一点点，对将来的情况影响不大，该流进 A 还流进 A，该流进 B 还流进 B，该继续往前还继续往前.但是，对于这些区域的分界线（虚线）上的点来说，液体的流动将是不稳定的.比如 GA 和 GC 分

界线上的点，液体偏右一点，就继续朝前流去，倘若偏左一点，就要流进漏洞 A. 虽然只差一点点，结局就很不相同.

大家知道，数字通信系统是先进的通信系统，其基本原理是把连续变化的电脉冲信号，用相应的整数表示出来. 整数比一般实数（小数）稳定得多. 在实数范围内，假如你接收到一个信号 1.9386，你不知道它的准确值. 事实上，任何一个实际的电子系统，都会产生误差. 这个 1.9386 原来究竟是多少呢？已经包含了多少误差呢？都不知道. 于是只好让这个带有误差的数据在系统中继续运行下去，这样常常就导致越来越严重的误差，最后得到的信号实际上已经严重失真了. 但是，如果采用整数系统，当你接收到像 1.9386 这样一个信号时，你知道上一站（上一个小系统或上一个部件）送出来的信号原来是整数，经过一程输送，会产生误差，但误差不可能很大. 于是你知道这个 1.9386 其实是由 2 因为传输有误差而变形得来的，这样就可以恢复到准确值 2，继续往下一站传输. 整数通信系统为什么可靠，就是利用了整数具有抗小干扰的稳定性. 这样的系统，数据容易复原，没有误差积累，所以通信质量很高.

通信技术、电子网络，这些都是物理系统. 物理系统会产生误差（例如衰减）并不奇怪. 区间迭代，却是数学系统. 数学系统应该是送进去一个数，算出来一个数，一切都是非常确定性的，不应该产生什么误差. 想不到情况不是这样. 例如迭代

$$x_n = 4x_{n-1}(1 - x_{n-1})$$

分别从相差一点点的

$$x_0 = 0.1$$

$$x_0 = 0.100000001$$

和

$$x_0 = 0.10000001$$

三个初始点开始迭代，开始时好像还差不多，后来就相差很远，相互认不出来了. 试验数据如下面的表 3-2，如果只看 0.6349559274；0.0663422515 和 0.3731772536；谁知道这三个数是从原来相差不到千万分之一的三个很接近的数开始迭代得来的呢？一个确定性的数学系统，只要具备产生混沌现象的条件（例如，区间迭代只要有一个 3 周期点或奇数周期点），就要提防这种不稳定的现象. 这种不稳定现象，

在数学里通常称为“对初值的依赖非常敏感”，初始值差一点点，后面就可能差很多很多.

表 3-2 $x_n = 4x_{n-1}(1-x_{n-1})$ 迭代

n	x_n		
0	0.1	0.100000001	0.10000001
1	0.36	0.3600000032	0.3600000320
2	0.9216	0.9216000358	0.9216003584
3	0.28901376	0.2890136391	0.2890125512
⋮	⋮	⋮	⋮
10	0.1478365599	0.1478244449	0.1477154281
⋮	⋮	⋮	⋮
50	0.2775690810	0.4350573997	0.9732495882
51	0.8020943862	0.9831298346	0.1041393091
52	0.6349559274	0.0663422515	0.3731772536
⋮	⋮	⋮	⋮

综上所述，混沌现象的一个很显著的直观特征是它的不稳定性.不稳定性的最朴素的理解，就是日常谚语所讲的“差之毫厘，谬以千里”.但是，不稳定性还有一种很深刻的含义，就是它的内在的随机性.让我们慢慢加以说明.

同样是研究客观世界的规律，物理学中有确定性的和概率性的两套描述体系.描写质点运动方程的牛顿力学，是确定性描述体系的代表.应用到天体力学上，把星球看作带有相应质量的质点，描述系统运动的方程一旦确定，系统今后的运行情况就完全确定了.所以，人类能够预知几十年几百年甚至几千年以后才会发生的像日食、月食、哈雷彗星回归等天文现象，而且可以预先把这些现象发生的准确时刻算出来.简而言之，确定性现象就是在一定的条件之下必然会发生某一种结果的现象.还可以举一些简单的例子：在标准大气压力之下，水被加热到 100℃ 时必然沸腾；石蕊试纸放到酸性溶液中去一定显示红色；把锌片放入稀硫酸溶液中会发生化学反应产生氢气，等等.这些现象是确定性现象，它们服从的规律是确定性的规律.

分子物理学和热力学是概率性描述体系的代表.气体对容器壁为什么有压力?压力是气体分子在杂乱无章的运动中不断撞击容器壁而产生的(图 3-9).气体分子运动时就有动量.照理说，应当算出每一瞬间有多少个分子以怎样的速度和角度撞在容器的一个侧壁上，然后把这许许多多分子的作用累加在一起，算出这一瞬间该侧壁所受的压力. 但是，容器内气体分子的数目是如此之多，每个分子的速度方向又不一样，要真正一个一个分子进行计算根本是不可能的. 所以，就要借助概率统计的方法：在每一瞬间，平均有多少分子撞击某个侧壁，撞击的平均速度又是多少，这样利用统计平均，压力马上就算出来了. 分子运动的动量是一个微观的量，气体对容器壁的压力是一个宏观的量，概率性描述体系在微观量和宏观量之间搭起了由此及彼的桥梁. 虽然个别分子的运动是无规则的，你不知道某个分子这次会跑到哪里去，但是，就大量分子的集体和总体表现来看，却服从一定的统计规律. 正是这种统计规律，使得分子物理学的科学计算变成是实际可能的计算.

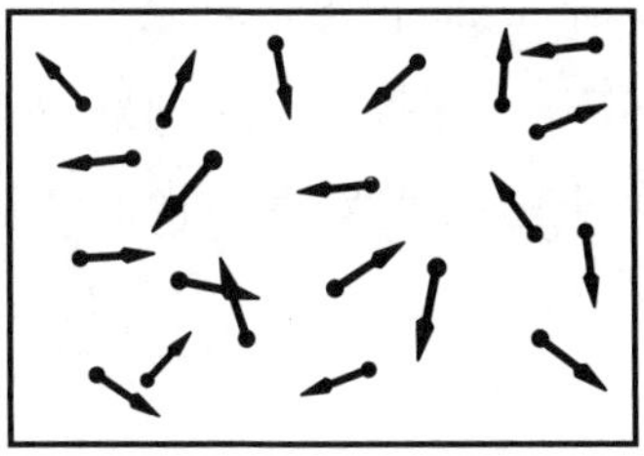

图 3-9　分子运动与气体压强

就单个气体分子来说，它在每一个瞬间的位置、速度、运动方向都是说不定的. 这种在一定条件之下具有多种可能的结果，但究竟发生哪一种结果事前并不能肯定的现象，叫作**随机现象**. 随机现象由于人们事先不能断定它将发生什么样的结果，表面上看来真是不可捉摸，纯粹是偶然性在起作用. 其实，只要进行大量研究，总可以在总体上发现一些规律.

在概率论中，如果一个量在随机因素的影响下可以取种种不同的数值，要事先预言它将取什么值是办不到的，但每次试验后它的值就确定了，并且每次试验中它取某个值的概率（可能性）是确定的，这样一个量叫作**随机变量**. 如果这个随机变量是随着时间参数 t 变化的，这个变化过程就叫作**随机过程**.

例如，观察一位射手打靶，弹着点与靶心的距离 d 就是一个随机变量. 由于枪弹本身的偏差，风速等气候因素和射手本身心理和体力条件的影响，我们不能预知下一发子弹的弹着点偏离靶心的准确距离，但每次射击偏差多少的概率通常是存在的. 例如图 3-10，d 表示弹着点偏离中心的距离，$\xi(d)$ 表示偏差 d 这么远的概率，那么三条曲线就表示三位射手的“射击偏离”这个随机变量的概率分布. 看最粗的一条曲线就知道,虽然不知道乙射手下一个弹着点的具体位置,但是可以估计偏离不超过1的可能性大约是33%,偏离在1和2之间的可能性是20%,等等.从图上看,射手丙的水平最高,偏离不超过1的可能性接近90%,但即使这样,也不能保证下一发子弹不会飞到别的地方去.所以,一个射手的射击过程,也是一个随机过程,每一次的结果不能预知,但总体上还是有一定规律可循.

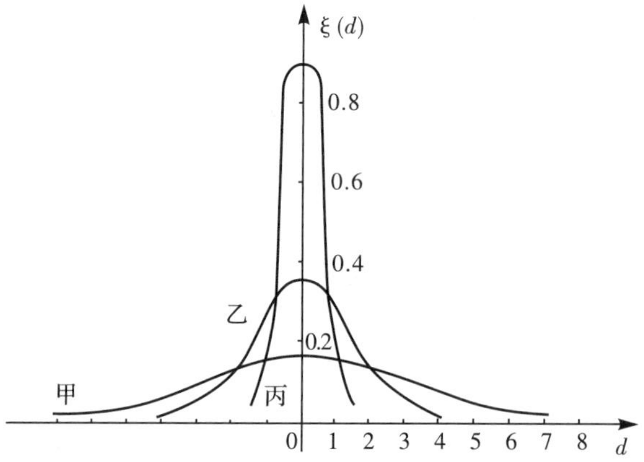

图3-10 射击精度的概率分布

如果你以为世界上有真正的神射手可以预知每一次射击的准确结果,那么我们可以再举一个电话呼叫的例子.假如有一台配有一千台电话机的总机,请问每天上午10点整这个时刻,总机接到分机呼唤的数目.我们无法预知下一次上午10点整有多少分机会呼唤,但长期下去,这个呼唤次数总是有一定的规律性的,比如说呼唤次数是50的概率是40%,呼唤次数是60的概率是30%,呼唤次数是500的概率是0.05%,等等.这就可以作为一个随机过程,每一次的具体结果不能预知,但总体上有某种概率方面的规律性.

现在回过头来看看区间迭代的数学问题.如果知道了 x_{n-1},把它送进公式

$$x_n = f(x_{n-1})$$

(例如送进公式 $x_n = \lambda x_{n-1}(1-x_{n-1})$)下次会算出什么数来,这是完全确定的.所以,$x_n$ 是一个确定性的变量,不是"不能准确预知、只能概率估计"的随机变量.所以,区间迭代是一个确定性的系统.但是,这个系统对初值的依赖十分敏感,开始差一点点,后来就不知跑到哪里

去了．所以着眼于“后来跑到何处去了”这个问题的话，又变得不可捉摸了，看起来就像随机过程一样．这种假的随机过程和真的随机过程不一样．真的随机过程：下一次结果如何是无法准确预知的．假的随机过程：只要数据准确，下一次的结果完全是可以预先确定的．只是由于“差之毫厘，谬以千里”，不断迭代的结果，系统才变得不可捉摸．所以，假的随机过程是长期说来不可预测的过程．

确定性系统的这种假的随机过程，叫作伪随机过程．它不是由数据的随机性产生的，而是由系统本身的内在随机性产生的．这样的系统运行下去，一定会出现类似随机过程的混沌现象．所以有人说，混沌现象，是一种貌似无规则的运动，指在确定性的系统中出现的类似随机的过程．现在知道，只要确定性的系统稍微复杂一些，就会表现出这种类似随机的行为．所以，确定性描述和概率性描述之间，并没有不可逾越的鸿沟．这是人类认识的一次飞跃．

粗略地说来，随机过程是短期内就无法预测的现象，伪随机过程却是短期内可以预测、长期才不可预测的现象．短期内无法预测的随机过程，长期运行下去在总体上却呈现确定的规律性，这是概率论研究的结果．短期内可以预测的确定性系统，长期运行下去反而变得不可预测，这是最近一二十年伴随着混沌理论的出现而日益清晰地呈现在人们面前的一幅图像．如果说由于概率论的发展，对短期内即不可预测的随机系统的研究已经取得了把握其长期发展规律的决定性成果，那么对于短期内可以预测的确定性系统的那种类似随机现象的长期效应，我们还知之甚少．无疑，区间迭代模型和菲根鲍姆常数是进一步探索伪随机过程的良好开端，但后面要做的事情还很多很多．

3.6　物理学的新篇章

细心的读者也许会问：菲根鲍姆是一个物理学家，混沌现象和菲根鲍姆普适常数的发现，是理论物理的一大进展．但是，为什么在上面的介绍中一点也看不到物理？为什么总是拿区间迭代这个其实是数学的系统来说明理论物理学这一伟大进展的意义？

确定性系统长期运行下去会产生混沌现象这一观察最早是从物理学、生物学等许多实验科学方面注意到的．但是问题太复杂了，不简化成适当的数学形式，简直就无从下手研究．正是由于这个原因，数学家才能成为最早迈出第一步的科学家；正是由于这个原因，物理学家菲根鲍姆才会从他的“数字游戏”中发现了菲根鲍姆普适常数．在系统发生周期倍增分叉现象时，可以看到在越来越小的尺度上重复出现很相像的自相似结构（参看第 3 节和第 4 节的图）．菲根鲍姆 δ 刻画了分叉间距之间的自相似关系，即 λ 方向的自相似关系；菲根鲍姆 α 刻画了分叉宽度之间的自相似关系，即 ξ 方向的自相似关系．可以说，如果不是对这样抽象出来的采取最简单形式的数学系统进行迭代试验的话，菲根鲍姆是不可能发现他的普适常数 δ 和 α 的．在任何一个真正的物理系统里，情况都要复杂得多，次要的因素和本质的因素搅在一起，很难发现什么前所未知的规律．在这个意义上，数学的作用是独特的．数学总是简洁明确地把科学问题的实质展现在人们面前．当成功地抽象出一个适当的数学模型时，原来的科学问题也就有望解决了．

由于混沌现象本身的极端复杂性，迄今为止，电子计算机数字试验几乎是揭示非线性系统中丰富的混沌现象的唯一工具．但是，在菲根鲍姆的重大发现以后，这一情况已经开始悄悄发生变化．一方面，开始出现了一些严格的数学证明；另一方面，真正的物理实验的报道也开始增多．数学证明与数字试验完全不同，一般都要用很高深的理论才能理解，本书就只好割爱了．物理实验则有难有易，有深有浅．下面就简要地介绍几种．

混沌现象的一个含义是系统对初始值的依赖十分敏感，开始差一点点，以后就相差很远．为了演示这种情况，有人设计了容易理解的双槽滚珠力学系统．这个系统有三个平衡状态，其中两个是稳定的——对应于槽底，另一个是不稳定的——对应于槽峰．为区别起见，两个稳定的平衡态分别叫作右槽底和左槽底．

现在，把两个这样的系统放在一起，系统的右槽底处都放一枚同样的滚球，然后，对两个系统实行同样的强迫振动（图 3-11）．由于系统的构造以及系统的摩擦，小球的运动是有界的，不会飞出系统之外．由于外力对系统的激励，小球不能再停留在右槽底．激励较弱时，小球先在右槽底左右振动，但都不能跨越槽峰．读者可以想象，由于两个系统是一样的，所受到的外界激励也是一样的，所以这一阶段两个系统中的小钢球的运动情况也应该一样.

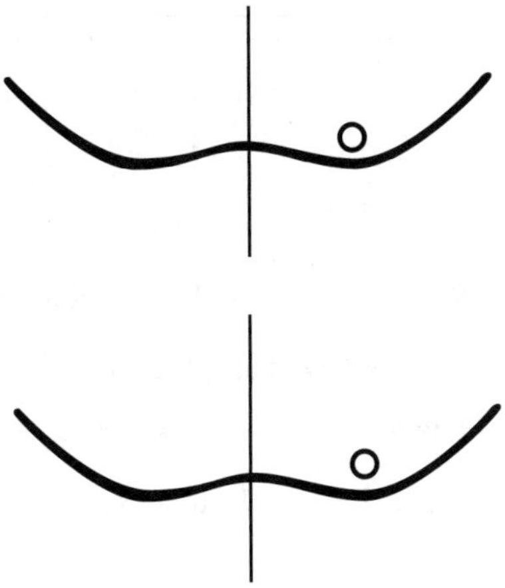

图 3-11 双槽滚珠力学系统

但是,所谓一样,不可能是绝对的一样.数值上差一点点是完全可能的.当激励越来越厉害时,两个小球围绕自己的右槽底所做的摆动也越来越大,到一定时候,某个系统中的钢球的摆幅刚刚超过槽峰一点点,这钢球就要滚到左槽底去,另一系统中的钢球的摆幅刚刚不及槽峰一点点,这钢球就要回到右槽底去.这时,两个系统的运行情况就完全不一样了.

由于两个说是一样的系统总是不可能绝对一样的,所以上面所说的分道扬镳的现象迟早要发生.快一点的话就像上面说的那样,某个钢球头一次晃过槽峰时,另一个钢球还没有能超越,于是分道扬镳.迟一点的话,就是两个钢球同步地运行了五六个或七八个循环以后,终于因为误差积累越来越大,某一个钢球晃过槽峰时,另一个钢球过不去,终于还是分道扬镳了.有兴趣的读者,不妨自己动手试试.双槽滚珠系统只能演示系统运行状态对初始条件的敏感性.下面介绍的两个实验,则确证了物理系统中的周期倍增分叉现象.

一个是浅水波的强迫振动实验(图 3-12).早在 150 多年以前,法拉第曾经做过这样一个实验:观察以频率 f 作垂直振动的容器中的浅水波.法拉第发现,浅水波中出现频率为 $\frac{1}{2}f$ 的成分.后来,瑞利也曾重复这个实验,并在他的著作《声学》一书中进行讨论.

现在,大家知道周期性外力驱动的非线性系统中很容易产生周期

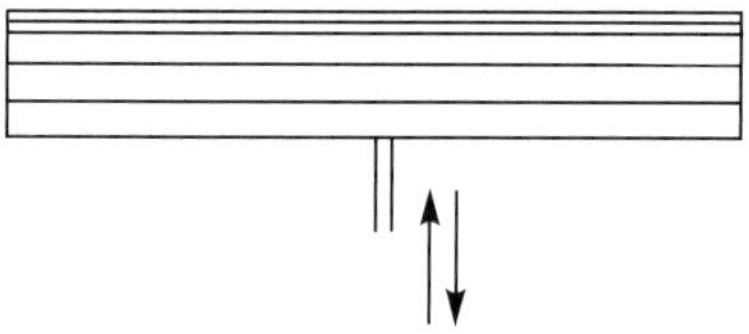

图 3-12　浅水波垂直振动

倍增分叉现象，科学家意识到，当初法拉第和瑞利观察到的，很可能只是第一次分叉. 最近，有人使用现代的传感和数据采集技术，精细地重复了法拉第的实验，果然发现了更长的周期倍增分叉序列. 虽然实验结果与理论预计有相当大的偏差，头几项不是

$$1, 2, 4, 8, 16$$

而是

$$1, 2, 4, 12, 14$$

但是物理系统总是容易受到外界干扰的，分叉越来越细时出现误差并不奇怪，得到的数据 1,2,4,12,14,… 已经很不错了，被认为是周期倍增分叉现象的一个实验证明.

第二个是非线性电路中的分频与混沌. 这是迄今最完美的实验，因为在电路中可以相当精密地控制各种参数和控制实验条件，这是浅水波的强迫振动这样的系统不能相比的.

这个实验设备很简单，如图 3-13 所示. 唯一的非线性元件是一支变容二极管，它的电容随电压变化的规律是

$$C = C_0/(1+\beta V)^{\gamma}$$

其中，C_0，β 和 γ 是常数. 当讯号发生器的输出电频较低时，RLC 回路的响应是线性的，有一个确定的共振频率 f. 现在，把发生器调到这个频率上，以讯号电压 V 为控制参数. 在增加 V 的过程中，当 V 达到某个阈值 V_1 时，突然出现了二分频 $\frac{f}{2}$，当 V 达到阈值 V_n 时，突然出现了 2^n 分频 $\frac{f}{2^n}$，这些阈值 V_n 就是按照菲根鲍姆普适常数 δ 收敛的. 实验结果与理论预计值比较如下：

	理论值	实验值
菲根鲍姆 δ(收敛速率)	4.6692	4.26
菲根鲍姆 α(标度因子)	2.50	2.4

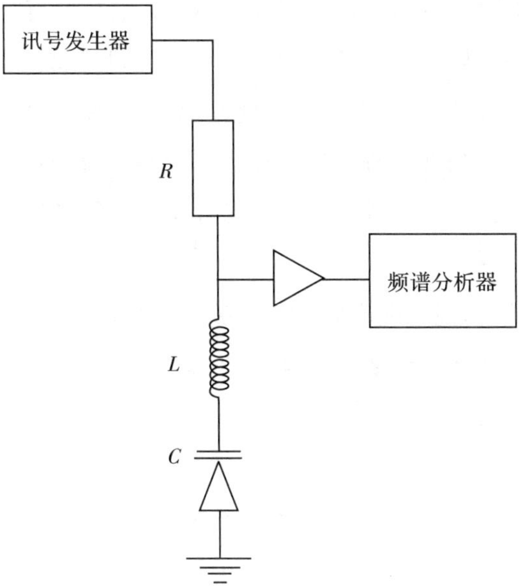

图 3-13 非线性电路的分频

这是一个相当完美的实验.

平心而论,这样的实验在许多实验室里都不难做到,而且 20 世纪 30 年代就有人发现过非线性电路中的混沌(当时不叫这个词)现象.然而科学家对非线性电路进行了不知多少研究,却漏过了这里的分频现象.这充分说明,物理思想(理论预见)对实验设计来说是多么重要.

还有流体力学和湍流的例子、化学湍流的例子、声学湍流的例子、光学湍流的例子、固体物理中的例子、半导体物理中的例子,因为超出本书的范围,就不一一说明了.自然界比任何理论更丰富.周期倍增分叉和混沌现象绝不只是数学游戏那样的东西,它在自然界中有种种表现.一般说来,混沌是比有序更为普遍的现象,就像无理数比有理数多得多一样.

菲根鲍姆的发现和混沌理论的创立,被许多人认为是物理学真正转变的开端.大半个世纪以来,物理学中占统治地位的是令人眼花缭乱的基本粒子物理学和量子力学.它们的成就 —— 以原子弹、氢弹和核能利用为代表 —— 曾经改变了 20 世纪的面貌.但许多有眼光的学者和年轻一代的物理学家认为,基本粒子和量子力学方面的进展已经逐渐慢了下来,一些新粒子的命名已经不能像过去那样引起学术界的激情，整个理论体系也开始变得杂乱无章．人们早就有一种心照不宣的感觉，认为以基本粒子和量子力学为代表的理论物理学已经远远偏离了人类对世界的直觉．正是在这种背景之下，混沌理论的诞生被许多人认为是理论物理学的一个新的篇章的开始．混沌理论因为有明确的数学特征，使学术界兴奋不已，情况就像 400 年前牛顿力学所引起的物理革命一样．

许多人认为，混沌理论的诞生，使理论物理学的前沿研究又回到了广大科学工作者可以接触的地方．不是吗？要想做一个基本粒子方面的实验谈何容易，动不动就要把一个中等城市一年的收入全部吃掉．但是像上面介绍的浅水受迫振动实验和非线性电路实验，许多实验室都有条件进行．至于引导菲根鲍姆发现普适常数 δ 和 α 的数字迭代试验，只要用一支袖珍的可编程序的计算器就可以进行，这是多么诱人的情景．在这样的情况下工作，研究资金、实验室条件不再是压倒一切的先决条件，人类的聪明才智又一次发挥了决定性的作用．

从哲学方面讲，正如许多学者指出的，混沌理论可能会大大改变人类对宇宙的认识．在通向混沌的所有途径中，大自然似乎只喜欢其中的几条，这些途径并不是乱不可治的．有人认为，正是在现在，人类开始了解宇宙运动中微细的来龙去脉．

目前，关心和研究混沌理论的人日益增多，他们都希望混沌学能解决他们各自过去遇到的难题．长期天气预报有没有可能？地震能否有效地预报？光学计算机的设计和新的喷气式客机发动机的设计，经济运动规律、经济趋势预报，心脏生理学和心脏医学，等等．老实说，学术界还不敢断然肯定混沌理论将解决哪些问题，他们还在艰苦地探索，但是外界已经表现出很大的热情．学者们召开混沌理论讨论会，股票市场分析家却兴致勃勃赶来．美国能源部和美国国防部也拨出巨款，资助菲根鲍姆等人的研究．的确，大家都知道混沌现象非常普遍，期望新的理论在自己的领域带来新的突破．

1983 年，在瑞典的哥德堡召开了一次专门讨论混沌理论的诺贝尔学术讨论会，菲根鲍姆在会上作了开幕演讲．人们知道，除了对具体问题的研究以外，菲根鲍姆还思索着科学研究方法论的问题．他说，当你想表述云彩的时候，单说这里有一朵云，那里有一朵云，把你所知的每个细节都罗列一番,这是错误的.艺术家是怎样处理复杂的主题的?这可以给我们以启发.看看这些十分有趣的图案,它们都是些旋涡形的图案,大旋涡上面加小旋涡,层层套叠.艺术家已经意识到只有一小部分事物是重要的,所以他们的方法可以帮助我们进行一些研究.艺术应该是人类看待世界的方法论.

地球呈献给我们的美好希望就是存在于其中的那些光彩夺目而又美丽动人的事物,吸引着我们通过自己的专业去观察、去探索.探索者是幸福的.

四　经济:一般经济均衡理论

20世纪70年代科学发展的另一项重大成就是数值计算方面的不动点算法和同伦算法. 李天岩和约克等人对这一发展也做出了巨大贡献.

为什么要计算"不动点"?理由很多. 许多理论问题和应用问题都可以归结为计算不动点的问题. 但是,最值得注意的是:数理经济学的发展迫切要求发明一种计算不动点的方法,并且历史上也的确是数理经济学家最早发明了计算不动点的方法. 所以,为了把不动点算法和同伦算法的来龙去脉讲清楚,我们首先要简单谈谈经济学问题.

由于历史的原因,中国的经济学的现状和经济学教育的现状,和国外的情况是大不相同的. 我们希望,通过"不动点算法"这一个专题的论述,读者不但能知道科学发展史上的有关故事,并且能初步体会一下数理经济学的风格和方法.

4.1　纯交换经济一般均衡模型

一个市场是许多个人可以交换或交易他们拥有的商品的场所. 一个经济由进行生产、消费和贸易的经济单位组成. 为了进行对市场经济的讨论,我们暂时先不考虑生产问题,而只是考虑贸易活动. 也就是说,我们假定商品已经用某种方式生产出来了,集中研究这些商品如何在市场上交换的问题. 这样,我们讨论的就是纯交换经济.

读者马上会问,哪里会有什么纯交换经济?商品总是离不开生产,交换,消费这许多环节的,只考虑交换这一个活动,似乎脱离实际. 但是,科学问题的研究,总是从最简单的情况入手,尝试建立一套有效的理论,然后把开始时没有考虑的因素逐个包括进来,同时逐步修改原有的理论,使之适合比较复杂因而也比较符合实际的情形. 举个例子说，现在要设计一套住宅的照明线路. 任务虽然非常简单，但在某种意义上说也是一个“研究”课题. 一开始，我们当然着眼于设计一个线路图，它只由开关符号，灯具符号和导线符号实线组成. 线路图没有告诉我们导线的长度、导线怎样沿着墙角走，也没有告诉我们在哪些地方需要打洞穿墙，甚至没有告诉我们是否需要把电线固定在墙上和怎样把电线固定在墙上. 但是，没有人会埋怨线路图太简单. 相反，如果你一开始就提供一份实物照片似的详细画卷，把每颗小钉子每支小瓦管都表示出来，反而不受欢迎.

数理经济学的研究不但从纯交换经济开始，而且从有限纯交换经济开始. 实际经济生活中的市场都带有流动性，一些厂家加入了，一些厂家退出了；一些顾客来了，一些顾客走了. 所以，实际经济生活中的市场，随着时间的推移在不停地变化着. 但是，数理经济学的出发点，是研究人员数目有限并且固定，商品数目也有限并且固定这样一种有限的纯交换经济.

值得强调的是，下面我们将要仔细讨论的有限纯交换经济不但是数理经济学的入门，而且研究这种“理想化”的纯交换经济所得到的若干重要结论，却能说明活生生的实际经济生活中的许多问题. 理论的价值在哪里？不就是在于能够说明和解释实际现象，帮助人们进行正确的分析和做出正确的决策吗？所以，“小”问题的研究常常能揭示“大”的道理.

有限纯交换经济的基本假定是：m 个商人交换 $n+1$ 种商品.

$n+1$ 种商品，我们把它们分别编号为第 0 种商品，第 1 种商品，第 2 种商品，…，一直到第 n 种商品. 假如第 0 种商品的数量是 x_0，第 1 种商品的数量是 x_1，…，第 n 种商品的数量是 x_n，合起来写在一起，我们得到一个商品向量 $\boldsymbol{X}=(x_0,x_1,\cdots,x_n)$.

为什么叫向量？从初中数学我们知道，平面上建立直角坐标系后，平面上的每一个点可以用一对实数 (x,y) 表示. 我们把点和从坐标原点到这个点的向量看作一样东西，所以平面上每一个向量由一对实数 (x,y) 组成，x 叫作这个向量的第一个分量，y 叫作这个向量的第二个分量(图 4-1). 高中学解析几何的时候又知道，空间建立直角坐标系后，空间中的每一个点可以用一组三个实数 (x,y,z) 来表示. 所以，

(x,y,z) 也就表示空间中的一个向量，它的第 1 个分量是 x，第 2 个分量是 y，第 3 个分量是 z(图 4-2).

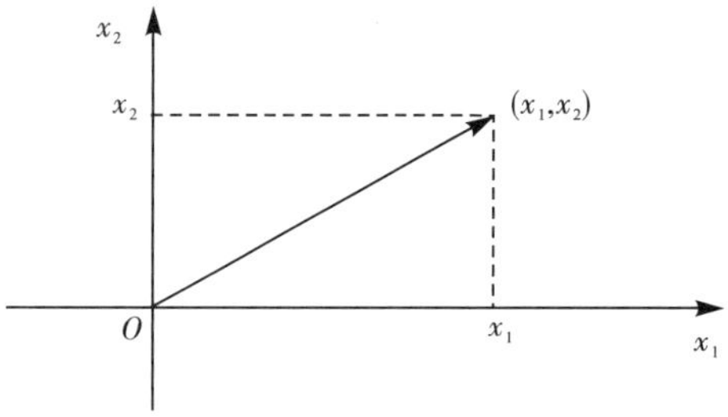

图 4-1　平面直角坐标系

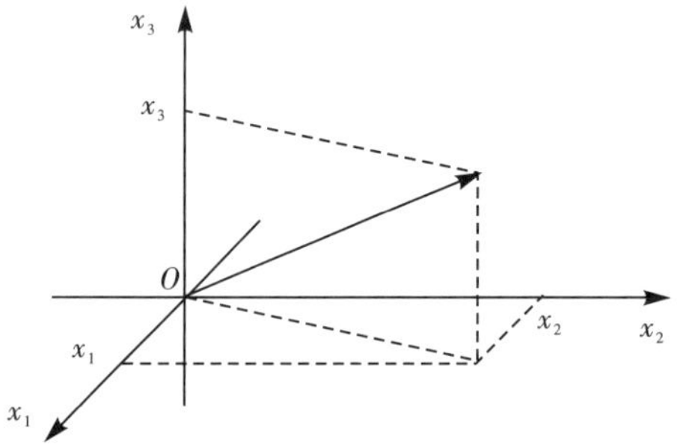

图 4-2　空间直角坐标系

为了统一起见，以后我们把 x 和 y 写成 x_1 和 x_2，把 x,y,z 写成 x_1,x_2,x_3. 所以，(x_1,x_2) 表示平面上的一个向量，(x_1,x_2,x_3) 表示空间中的一个向量.

平面上的向量用2个实数分量 x_1 和 x_2 表示，所以平面也叫作2维空间. 原来说的空间中的向量用 3 个实数分量 x_1,x_2,x_3 表示，所以平常我们说的空间也叫作 3 维空间. 推而广之，数轴上的点和数轴上的从原点到这个点的向量只用 1 个实数表示，所以数轴是 1 维空间.

这种说法有一个好处，就是适合于说明高维空间，即 5 维空间，14 维空间，等等. 大家知道，我们生活的位置空间，是 3 维空间. 所以，3 维空间是现实的空间. 5 维空间，14 维空间这些高维空间，不是我们生活的现实的位置空间，而是人们想象出来的空间. 这样一来，由 5 个分量放在一起的一组数 (x_1,x_2,x_3,x_4,x_5)，就是 5 维空间中的一个向量. 由 $n+1$ 个分量放在一起的一组数 $(x_0,x_1,x_2,\cdots,x_n)$，就是 $n+1$ 维空间中的一个向量. 为了写起来方便，有时就用一个字母 X 表示这个向量. 所以，我们把前面说的 $\boldsymbol{X}=(x_0,x_1,\cdots,x_n)$ 叫作一个商品向量，或者更详细些，叫作一个 $n+1$ 维的商品向量.

商品向量有一个很自然的特点，就是每个分量都不会是负数. 这很容易理解，因为商品向量的第 j 个分量就是第 j 种商品的数目. 在一个纯交换经济中，商品的数目可以是零，可以是正数，但不可以是负数.

我们用下标 j 表示第 j 种商品，例如 X_j 表示第 j 种商品的数目. 我们用上标 i 表示第 i 个商人，例如 $\boldsymbol{X}^i$ 表示第 i 个商人的商品向量，注意，这里上标 i 只是一个号码，一个编号，不是指数. 也就是说，$\boldsymbol{X}^3$ 表示第 3 个商人的商品向量，而不是像通常那样表示 $\boldsymbol{X}$ 的 3 次方. 这是很容易区分的，因为 $\boldsymbol{X}$ 是一个向量.

说到现在，每个商人所拥有的各种商品就可以用一个 $n+1$ 维商品向量来表示. 这个向量的第 j 个分量是多少，就表示该商人有多少第 j 种商品. 但每个商人在交换之前和交换之后所具有的商品在数目上是不同的. 例如一个铁匠在交换前有 10 把锄头，交换后剩下两把锄头，但用 8 把锄头换来了 40 千克面粉，12 尺布. 假如参与交换的只有这三种商品，那么这个铁匠在交换前的商品向量是(10,0,0)，在交换后的商品向量是(2,40,12)，可见是不同的. 为了区别每个商人在交换前和交换后的商品向量，我们把交换前的商品向量用字母 $\boldsymbol{w}$ 表示，称为初始库存向量，交换以后的商品向量，还是用 $\boldsymbol{X}$ 表示. 这样一来，$\boldsymbol{w}^i=(w_0^i, w_1^i, \cdots, w_n^i)$ 就表示第 i 个商人初始(交换前) 库存第 0 种商品的数目是 w_0^i，第 1 种商品的数目是 w_1^i，…，第 n 种商品的数目是 w_n^i.

现在，假如第 0 种商品的价格是 p_0，第 1 种商品的价格是 p_1，…，第 n 种商品的价格是 p_n，我们又得到一个 $n+1$ 维的价格向量 $P=(p_0, p_1, \cdots, p_n)$，价格向量也是所有分量都不是负数的向量.

有了价格向量以后，很容易算出第 i 个商人的财富有多少. 因为第 i 个商人的初始库存向量是 $\boldsymbol{w}^i=(w_0{}^i, w_1{}^i, \cdots, w_n^i)$，而价格向量是 $\boldsymbol{P}=(p_0, p_1, \cdots, p_n)$，所以他的财富(按货币计算) 是

$$b^i = p_0 w_0^i + p_1 w_1^i + \cdots + p_n w_n^i$$

这也是很容易理解的，因为他据有第 j 种商品的数目是 w_j^i，而这种商品的价格是 p_j，所以他据有的第 j 种商品共值 $p_j \cdot w_j^i$ 这么多钱，他据有的各种商品的总值就是 $p_0 w_0^i + p_1 w_1^i + \cdots + p_n w_n^i$. 举一个简单的例

子：假如一个菜农运了100千克菠菜和40千克豆角去卖，菠菜价格0.4元/千克，豆角价格0.6元/千克，很容易算出来这个菜农参加交换前的财富是 $100 \times 0.4 + 40 \times 0.6 = 64$ 元.

纯交换经济的一个基本假定是：每个商人交换后所具有的商品的总值不超过交换前他据有的商品的总值，这就是所谓"花费不得超过财富"的原则.用式子写下来就是：第 i 个商人的经济活动必须符合不等式

$$p_0 x_0^i + p_1 x_1^i + \cdots + p_n x_n^i \leqslant p_0 w_0^i + p_1 w_1^i + \cdots + x_n^i = b^i$$

式子右边，是交换前他的财富.式子左边，是交换后他所据有的各种商品的价值的总和，也就是交换后他的财富.

为什么要规定每个商人交换后的财富不增加呢?因为这是一个纯交换经济，不论交换前还是交换后，全体商人所据有的所有商品的总量没有变化.纯交换经济不使社会财富增加.既然如此，如果某个商人在交换后发了财，就一定有另一些商人亏了本，人家就会不干，于是交易也就做不成了.所以在纯交换经济的最基本的模型中，规定每个商人在交换后财富都不增加.

4.2 瓦尔拉斯法则与帕累托最优解

读者不免产生这样的问题：纯交换经济规定每个商人在商品交换后财富不增加，也就是规定每个商人都不能通过交换来发财.这样的话，商人怎么还会有参加交换的积极性?辛苦了半天，财富却没有增加，岂不是根本不参加交换更省心.

的确，在市场经济的现实经济活动中，商人总是要赚钱、发财的.就这点来说，纯交换经济的假定是与现实经济生活有相当距离的.但是，除了我们开始时说过研究任何复杂的社会现象一定要从最简单最理想化的模式开始的道理以外，还要指出赚钱发财并不是经济活动的唯一动机.比如某人拥有黄金万两，或者是一个亿万富翁，难道他就不需要用他的财富去换回一些面包或蔬菜这样的生活必需品吗?即使他明知这种交换不会增加他的财富，他还是有进行这种交换的要求.这个极为简单的例子说明，至少对于短期的和局部的经济活动来说，发财赚钱并不是唯一的动机.

数理经济学认为,商人参加纯交换经济活动,是因为他对不同的商品有不同的偏好.在日常生活中,人们的偏好是一种普遍的现象.有些人喜欢打扮,有些人追求美食,有些人欣赏京剧,有些人酷爱摄影.他们各趋所爱,组成多姿多彩的世界.在纯交换经济中,商人的偏好是经济活动的动力.例如,一个商人拥有布匹,一个商人经营服装,一个商人提供饭菜,一个商人出售古玩和电器.如果他们组成一个(封闭的)经济系统,那么以布匹商为例,他需要用布匹去换回他所必需的服装和饮食.如果他(的财富)还有余力,他可能还想换回一两件古玩.尽管他的财富没有因为交换而增加,但他的偏好促使他进行这种交换(偏好就是他的需求的反映,偏好就代表他在这个商品市场上的选择倾向.)

由此可见,说纯交换经济的假设与现实的经济活动有距离是对的,这个距离还不小,因为现实的经济活动比纯交换经济的假设复杂得多.但是,如果说纯交换经济的假设是违反现实经济活动的机制的,那就错了.除了前面列举的简单例子以外,国际贸易中出口大米换回面粉,出口汽车换回石油,都可以看到不同的国家对不同的商品有不同的偏好.偏好或选择倾向是一种实在的动机,并不是凭空的臆造.有些经济学家甚至认为偏好是一切经济活动(并不限于纯交换经济)的动机的真正内涵,货币或价值反倒是一种外部标志.这种说法也有一定的道理.

偏好,在数理经济学纯交换经济模型中,常常是用效用函数来表示的.3 个商人交换 5 种商品,假设商人们的效用函数分别为

$$\pi^1 = x_0 + 4x_1 + 0.5x_2 + 7x_3 + 3x_4$$

$$\pi^2 = 5x_0 + 2x_2 + 1.2x_3$$

$$\pi^3 = 2x_0 + 120x_1 + 3x_2 + 4x_3 + 0.3x_4$$

这是什么意思呢?这说明,当不考虑价格时,商人 1 对 5 种商品的偏好次序为:第 3 种 — 第 1 种 — 第 4 种 — 第 0 种 — 第 2 种,偏好程度的“比例”依次为:7—4—3—1—0.5.商人 2 对第 1 种和第 4 种商品根本不需要,对其余三种商品的偏好次序是:第 0 种 — 第 2 种 — 第 3 种,偏好程度依次为:5—2—1.2.商人 3 则对第 1 种商品有特别强烈的偏好,这从商人 3 的效用函数的表达式中看得十分清楚.得到一件第 1 种商

品,他的由效用函数的值反映的“满足程度”就提高了120,但得到一件别的商品,他的满足程度只提高了2或3或4或0.3.

在这个例子中,假定商人1的初始库存是 $\boldsymbol{w}^1=(7,5,20,0,2)$,这些数字依次表示他在开始时据有的5种商品的数目,那么市场商品的价格向量 $\boldsymbol{P}=(p_0,p_1,p_2,p_3,p_4)$ 确定以后,商人1的商业活动的目的,就是在“花费不得超过财富”的关系式

$$p_0x_0^1+p_1x_1^1+p_2x_2^1+p_3x_3^1+p_4x_4^1$$
$$\leqslant b^1=7p_0+5p_1+20p_2+2p_4$$

的约束之下,使他的效用函数

$$\pi^1(x_0,x_1,x_2,x_3,x_4)=x_0+4x_1+0.5x_2+7x_3+3x_4$$

达到最大.这里,我们把效用函数 π 写成 $\pi^1(x_0,x_1,x_2,x_3,x_4)$,表明它是由 x_0,x_1,x_2,x_3,x_4 这5个商品分量共同决定的.π^2,π^3 也这样写,虽然对于 π^2,x_1 和 x_4 不起作用,但还是写成 $\pi^2(x_0,x_1,x_2,x_3,x_4)$.

在一些关系式的约束(限制)之下使一些目标函数(**这里是效用函数)达到最大,从本质上说来,就是数学里的最优化问题**.所以我们可以说,在纯交换经济中,每个商人实际上都是在进行“最优化活动”.在这个例子中,只要价格向量确定下来,每个商人的财富马上可以算出来,对这个商人的约束条件也立刻清楚了,接下去他要做的,就是在这个“量入为出”的约束之下进行交换,合理确定交换之后自己对每种商品的据有量,使自己的效用函数达到最大.交换后对每种商品的据有量也是用一个商品向量来表示的,记作 $\boldsymbol{d}^i=(d_0^i,d_1^i,\cdots,d_n^i)$,即第 i 个商人在交换后对第 j 种商品的据有量是 d_j^i,或者说商人 i 对商品 j 的需求是 d_j^i.

前面说了,一旦价格向量 $\boldsymbol{p}$ 确定了,每个商人就在这个按照 $\boldsymbol{p}$ 算出来的约束条件下进行“最优化”的经济活动,最后结果是 $\boldsymbol{d}^i$.很明显,$\boldsymbol{p}$ 不同的话,算出来的 $\boldsymbol{d}^i$ 也不相同.例如,设某个商人的效用函数是 $\pi^i=x_0+2x_1$.如果不考虑商品的价格,他比较喜欢商品1.但经济上是不能不考虑商品价格的.假如价格向量是 $\boldsymbol{p}=(1,1)$,即两种商品价格相等,他当然愿意多换进商品1,因为这样既不使花费增加又能使自己的效用函数升值.但如价格向量是 $\boldsymbol{p}=(1,4)$,就是说商品1比商品0贵3倍,那么要使自己有限的财富尽量满足自己的偏好,就应当

多换进商品 0. 由此可见，每个商人的交换结果 $\boldsymbol{d}^i$ 是由市场的价格向量 $\boldsymbol{p}$ 确定的，也就是说 $\boldsymbol{d}^i$ 是 $\boldsymbol{p}$ 的函数，所以记作 $\boldsymbol{d}^i = \boldsymbol{d}^i(\boldsymbol{p})$.

虽然交换是由价格向量决定的，但在纯交换经济中，却可以不使用货币. 比如苹果 2 元 / 千克，芒果 10 元 / 千克，那么 5 千克苹果就可以换 1 千克芒果，反过来也一样. 所以，在纯交换经济模型的讨论中，虽然需要价格向量，却不必出现货币. 事实上，即使是国际贸易非常发达的今天，国家与国家之间有时亦采用这种以货换货的贸易方式的.

纯交换经济的讨论中不但可以不出现货币，而且价格向量(的每一个分量同时)乘一个正数，也不会影响交换结果. 例如苹果价格 2 元 / 千克，芒果价格 10 元 / 千克，所以 5 千克苹果换 1 千克芒果. 如果价格都乘 0.3，那么苹果价格 0.6 元 / 千克，芒果价格 3 元 / 千克，还是 5 千克苹果换 1 千克芒果. 这实际上就是说，在纯交换经济中，重要的是各种商品的价格之比，而不是各种商品的价格本身. 只要各种商品的价格之比相同，第 i 个商人在“量入为出”的约束条件下进行“最优化”经济活动的结果 $\boldsymbol{d}^i$ 都相同. 价格的比相同是什么意思呢？例如苹果、芒果两种商品，价格向量(2,10) 和价格向量(0.6,3) 是不同的，但它们的比值相同，因为有 0.3 使得 $0.3 \times (2,10) = (0.6,3)$. 所以，如果两个价格向量符合价格的比相同，那么设一个价格向量是 $\boldsymbol{p}$ 的话，一定可以找到一个正数 λ(例如前面说的 0.3) 使得另一个价格向量可以写成 $\lambda\boldsymbol{p}$. 这样一来，“只要价格之比相同，商人 i 的需求 $\boldsymbol{d}^i$ 也就相同”这个定律就可以用数学式子 $\boldsymbol{d}^i(\boldsymbol{p}) = \boldsymbol{d}^i(\lambda\boldsymbol{p})$，$\lambda > 0$ 来表示. 也就是按 $\boldsymbol{p}$ 算出来的 $\boldsymbol{d}^i$ 和按具有相同价格比的 $\lambda\boldsymbol{p}$ 算出来的 $\boldsymbol{d}^i$ 都一样.

既然纯交换经济的结果只和各商品价格之比有关，我们就能够把各种商品的价格写成所有商品的价格加起来正好等于 1 的形式. 例如，苹果价格 2 元 / 千克，芒果价格 10 元 / 千克，价格向量是(2,10). 但对于纯交换经济来说，只要价格比相同，价格向量的作用就完全相同，所以我们可以用 $\frac{1}{12}$ 乘原来的价格向量(2,10)，得到新的价格向量 $\frac{1}{12}(2,10) = \left(\frac{1}{6},\frac{5}{6}\right)$. 这个价格向量虽然不同于原来的价格向量，但价格比没有变，所以起的作用是一样的. $\left(\frac{1}{6},\frac{5}{6}\right)$这个价格向量的好处是:所有价格之和等于 1. 如果有 5 种商品,原来的价格向量是(3,12,7,8,20),我们用 $3+12+7+8+20=50$ 除它,得到新的作用完全一样的价格向量 $\frac{1}{50}\times(3,12,7,8,20)=\left(\frac{3}{50},\frac{6}{25},\frac{7}{50},\frac{4}{25},\frac{2}{5}\right)$,这个新的价格向量的好处也是所有商品的价格加起来等于 1.

把价格向量乘一个非零数或除一个非零数,使之变成各分量之和为 1 的作用完全一样的新的价格向量,这个过程叫规范化处理. 前面已经讲了许多道理. 今后,我们只需要对付这种规范化处理过的各分量加起来等于 1 的价格向量就可以了.

前面说过,商人 i 的初始库存商品向量是 $\boldsymbol{w}^i=(w_0^i,w_1^i,\cdots,w_n^i)$,经过交换他所需求的商品向量是 $\boldsymbol{d}^i=(d_0^i,d_1^i,\cdots,d_n^i)$. 例如,$\boldsymbol{w}^i=(2,8,0)$,$\boldsymbol{d}^i=(3,0,4)$,就是说经过交换,商人 i 的第 0 种商品持有量从 2 上升到 3,第 1 种商品的持有量从 8 下降到 0,第 2 种商品的持有量从 0 上升到 4. 他的需求能否得到满足呢?就要看整个纯交换经济中的总的初始库存和总的需求向量是否平衡. 总的初始库存是 $\boldsymbol{W}=\boldsymbol{w}^1+\cdots+\boldsymbol{w}^m=(w_0^1+\cdots+w_0^m,w_1^1+\cdots+w_1^m,\cdots,w_n^1+\cdots+w_n^m)$,表示第 j 种商品的初始总库存是每个商人的初始库存 $w_j^1,\cdots,w_j^m$ 的总和 $w_j^1+\cdots+w_j^m$. 总的需求向量是 $\boldsymbol{d}=\boldsymbol{d}^1+\cdots+\boldsymbol{d}^m=(d_0^1+\cdots+d_0^m,d_1^1+\cdots+d_1^m,\cdots,d_n^1+\cdots+d_n^m)$,表示对商品 j 的总需求是各商人的需求 $d_j^1,\cdots,d_j^m$ 的总和 $d_j^1+\cdots+d_j^m$.

在数理经济学中,定义纯交换经济的过需求商品向量为 $\boldsymbol{g}=\boldsymbol{d}-\boldsymbol{w}$. 仔细把过需求商品向量的每个分量写下来,就是

$$\begin{aligned}\boldsymbol{g}=(&(d_0^1+\cdots+d_0^m)-(w_0^1+\cdots+w_0^m),\\&(d_1^1+\cdots+d_1^m)-(w_1^1+\cdots+w_1^m),\cdots,\\&(d_n^1+\cdots+d_n^m)-(w_n^1+\cdots+w_n^m))\end{aligned}$$

对于第 j 种商品,就有关系式

$$g_j=(d_j^1+\cdots+d_j^m)-(w_j^1+\cdots+w_j^m)$$

其中,$w_j^1+\cdots+w_j^m$ 是商品 j 的总库存,$d_j^1+\cdots+d_j^m$ 是商品 j 的总需求,可见 g_j 反映对商品 j 的供求关系,$g_j>0$,就是供不应求,$g_j<0$,就是供过于求.

但是,库存和需求都是要用价格来结算的,所求要符合关系式

$$p_0(d_0^1+\cdots+d_0^m)+p_1(d_1^1+\cdots+d_1^m)+\cdots+p_n(d_n^1+\cdots+d_n^m)$$
$$=p_0(w_0^1+\cdots+w_0^m)+p_1(w_1^1+\cdots+w_1^m)+\cdots+p_n(w_n^1+\cdots+w_n^m)$$

移项整理就得

$$\begin{aligned}&p_0[(d_0^1+\cdots+d_0^m)-(w_0^1+\cdots+w_0^m)]+\\&p_1[(d_1^1+\cdots+d_1^m)-(w_1^1+\cdots+w_1^m)]+\cdots+\\&p_n[(d_n^1+\cdots+d_n^m)-(w_n^1+\cdots+w_n^m)]=0\end{aligned}$$

也就是

$$p_0g_0+\cdots+p_ng_n=0$$

别小看了这个式子，它就是著名的**瓦尔拉斯法则**. 这个法则提出来已经有 100 多年了. 翻开任何一本现代的经济学教程，都会看到这个著名的瓦尔拉斯法则.

前面说过，在纯交换经济中，每个商人的活动，都是在“量入为出”的财富约束之下进行“最优化活动”，努力使自己的效用函数值升上去，升得越高，就越满意. 每个商人都想自己达到最优，这里就有一个局部的最优和整体的最优的关系的问题. 例如，让所有商品都集中到一个商人那里去，那么在纯交换经济中这个商人获得了全部商品，他当然达到了最优，但是别的商人不但不优，反而本钱都赔光了，这就毫无整体的最优可言. 另一方面，就局部和局部的关系来说，人们常常有一种错觉，认为甲优了，乙就一定受损. 数理经济学的一大功劳就是证明了：在纯交换经济的假定之下，存在一种使每个商人都达到最优的格局. 由于这个功劳，已经有两位经济学家获得了诺贝尔经济学奖. 后面，我们将向读者说明为什么会有大家都最优、大家都满意的格局，现在，首先有必要明确什么叫最优.

贪得无厌的最优不值得我们研究. 数理经济学追求的是所谓帕累托最优. 当一个经济处于这样一种状态，使得没有人能在不损害别人的前提下增进自己的福利（提高自己的效用函数值）时，就说这个经济处于**帕累托最优**. 这个概念是瑞士洛桑大学的经济学家帕累托首先提出来的. 帕累托最优，不仅对整体来说是最优，而且对每个商人来说，也是他甘愿接受的最优，倘若他还不满足，还想增进自己的福利，那就要损害别人利益了. 在自由交换的经济中，要损害别人的利益，就要付出额外的代价，否则别人就不干. 例如，当面包的价格是 0.2 时，按照帕累托最优，假定你需要 3 个面包而我需要 1 个面包. 这时，如果你不满足，还想剥夺我的这个面包，按原来的价格我是不情愿的，除非你为这个面包付加倍的价钱. 但这样一来，你的财富价值就会下降. 算计一番之后，你觉得还是安于现状好. 所以，帕累托最优就是这样使得每个商人都乐于接受的格局，因为否则他就要付出额外的代价.

由此你可以想象，在纯交换经济中，当自愿的等价交换的贸易停止时，没有一个人可以依靠进一步的贸易在不减少他人福利的前提下来增进自己的福利(否则他可以要求他人与之交易，使自己状况更佳又不使他人受损)，所以结局一定是帕累托最优解. 后面，我们将着重阐述数理经济学家是怎样证明一定存在一种帕累托最优的格局的.

4.3 两位经济学诺贝尔奖获得者

数理经济学中研究纯交换经济的一般经济均衡理论，是现代经济学范畴中一种成功的理论. 自从 1969 年开始颁发诺贝尔经济学奖以来，已经有两位经济学家由于对经济均衡理论所做的贡献荣获诺贝尔奖，他们是 1972 年获奖的美国斯坦福大学教授阿罗(K. J. Arrow) 和 1983 年获奖的美国伯克利加州大学教授德布鲁(G. Debreu).

为了介绍阿罗和德布鲁两位诺贝尔经济学奖获得者的理论，我们先引述德布鲁教授于 1983 年 12 月 8 日在瑞典斯德哥尔摩皇家科学院所做的诺贝尔奖讲演的若干片断. 按照传统，一位学者在接受诺贝尔奖这一崇高的荣誉时，都要发表一篇演讲，论述他的理论中的最精彩的部分，这种演讲，就是所谓诺贝尔奖讲演. 当然，这些都是学术性很高的讲演，其对象都是专业方面科学修养很高的学者，一般人是不容易完全理解的. 但是，由于我们在前面花了那么大的篇幅说明了什么是纯交换经济的基本假定，什么是商品空间，什么是帕累托最优解，本书的读者现在就能够读懂德布鲁教授的诺贝尔奖讲演的几个重要部分. 如果前面两节的详细的说明曾经使你感到吃力或厌烦的话，你付出的努力现在开始得到了回报. 不然，读者恐怕很难读懂这些大学问家的重要的学术报告.

下面就引述德布鲁教授的诺贝尔奖讲演. 为便于阅读，个别地方有所删节，在另外一些地方，则作了必要的说明或有限的发挥，这样的说明和发挥都用方括号括住，以便读者阅读原文时进行区别．引文参考了史树中教授的汉译．

如果要对数理经济学的诞生选择一个象征性的日子，我们这一行的学者会以罕见的一致选取1838年，即选取考诺特（A. Cournot）发表他的《财富理论的数学原理研究》的那一年．考诺特在历史上第一个建立了阐明经济现象的数学模型，他是以这种数学模型的伟大缔造者而著称的．在他的19世纪和20世纪初的继承者中，最受本讲演称颂的将是一般经济均衡模型的数学理论的奠基者瓦尔拉斯（L. Walras，1834—1910），以及艾奇沃斯（F. Y. Edgeworth，1845—1926）和帕累托（V. Pareto，1848—1923）．他们三位全都活到了20世纪．对于所有诺贝尔经济学奖桂冠获得者来说，[应当记住，正是]他们提高了设立经济学奖的价值，而诺贝尔经济学奖原本与其他奖一样，是在1901年就设想的．[诺贝尔经济学奖是从1969年开始颁发的，比其他奖晚了大半个世纪．德布鲁称颂的三位先驱者因此永远失去了获得诺贝尔奖桂冠的机会，但他们的贡献终使诺贝尔经济学奖在后来成为现实．]

如果1838年是数理经济学的象征性的诞辰，那么1944年应当作为它的现代时期的象征性的开始．这一年，冯·诺依曼和摩根斯滕（J. von Neumann，O. Morgenstern）发表了他们的巨著《对策论和经济行为》的第一版，这是一个宣告经济理论可以被深入地和广泛地改造的事件．在随后的10年，强有力的智力推动也来自许多其他的研究方向．除了冯·诺依曼和摩根斯滕的书以外，里昂节夫（W. Leontief）的投入产出分析，萨缪尔森（P. Samuelson）的《经济分析基础》，柯普曼斯（T. Koopmans）的生产活动分析和丹齐格

(G. Dantzig) 的单纯形算法都是热门的论题,尤其是在考尔斯委员会当我1950年6月1日加入那里工作的时候.[美国著名的考尔斯经济学研究委员会1932年在科罗拉多州成立,1939年迁到芝加哥,1955年迁到耶鲁大学.]一个有强烈交互作用的工作组能提供一个我所希望的最佳类型的研究环境;而我在那时候能够成为这样一个工作集体的成员,实在是万分荣幸.

对于那种研究的一个主导动机是对一般经济均衡理论的探讨.工作的目标是做出严格的理论,推广它,简化它,并把它扩充到新的研究方向.实行这样的计划,需要在偏好、效用和需求理论方面解决许多问题,这样就必然要在经济理论中引入从数学的各个领域中转借来的新的分析技巧.有时,甚至有必要去解答一些纯数学方面的问题.做这样的研究工作的人在开始时很少,增加也很缓慢.但是到了20世纪60年代初期,开始急速增长起来.

我将在这里综述和讨论的最原始的理论概念是商品空间.它构成经济中所有商品的清单.设 l 是这些商品的有限种类,对它们之中的每一种选取一种度量单位,而符号则可以方便地用来区别投入和产出(对于消费者来说,投入是正的,产出是负的,对于生产者来说,投入是负的,产出是正的),于是就可以用商品空间 R^l 中的[l 维商品]向量来描述经济经纪人的活动.商品空间具有实向量空间的结构这一事实是经济理论数学化获得成功的基本原因.特别是 R^l 中的集合的凸性,这个在一般经济均衡理论中一再重复的题目,可以得到充分的发挥.此外,如果选定一种计量单位,并规定这 l 种商品中的每一种的价格,就可以定义 R^l 中的价格向量的概念,它是商品向量的对偶概念.商品向量 $\boldsymbol{z}$ 关于价格向量 $\boldsymbol{p}$

的价值就是它们的内积 $\boldsymbol{p}\cdot\boldsymbol{z}$.［商品向量 $\boldsymbol{z}=(z_1,\cdots,z_l)$ 和价格向量 $\boldsymbol{p}=(p_1,\cdots,p_l)$ 的内积是 $\boldsymbol{p}\cdot\boldsymbol{z}=(p_1,\cdots,p_l)\cdot(z_1,\cdots,z_l)=p_1z_1+\cdots+p_lz_l$.］

瓦尔拉斯在1874—1877年建立的数学理论的目标之一，就是要阐明在经济中观察到的价格向量和各种经纪人的活动，如何按照由这些经纪人通过市场对于商品的交互作用所形成的均衡来进行解释.在这样的均衡中，每个生产者都使他的相对于价格向量的利润在他的生产集中达到最大，每个消费者在他的初始库存向量的价值以及他从生产者所分得的利润份额所规定的预算约束之下，使他的偏好在他的消费集中达到最满意的程度，而对于每种商品来说，总需求等于总供给.瓦尔拉斯及其继承者们在60年时间里都感觉到，这一理论如果没有“至少有一个均衡点存在”的论证作为支持，将是徒劳的，而在瓦尔拉斯当初的模型中只注意到方程个数与未知数个数相等，这个论据是无法使数学家信服的.（例如 $2x+3y=6$ 和 $4x+9y=7$ 联立，方程个数与未知数个数相等，但联立方程却没有解.）然而，必须直截了当地指出，当瓦尔拉斯写出我们这门学科的最伟大的（如果不说最最伟大的）经典著作之一时，后来做出可能的存在问题的解的数学工具（主要是下一节将介绍的不动点定理）尚未出现.沃特（A. Wald）根据卡塞尔（G. Cassel）在1918年重新陈述的瓦尔拉斯模型，1935—1936年在维也纳终于以一系列论文提出了问题的第一个解.但他的工作引起的注意实在是太少了，以至于直到20世纪50年代初都还没有人对此问题再进行深入的讨论.

阿罗曾经在他的诺贝尔奖讲演中谈到在和我见面以前他所走过的道路.使我走向与他合作的道路却有点不同.20世纪40年代初在巴黎高等师范学

校，我受到了布尔巴基(N. Bourbaki)[法国的一个研究公理方法的数学学派，对数学的发展有很大影响]的数学公理化方法的影响. 但在二次世界大战末，我的兴趣又转向经济学. 洛桑学派的传统在法国曾经相当活跃，尤其是通过戴维斯(F. Divisia)和阿莱士(M. Allais)这两位学者的影响. 我第一次接触到一般经济均衡理论并且被它迷住，是在看到1943年出版的《经济学一个分支的研究》一书中阿莱士的阐述之时. 对于一个受过布尔巴基学派的无可通融的严格性教育的人来说，在瓦尔拉斯系统中仅仅考虑方程的个数和未知数的个数是不可能感到满意的，他会提出吹毛求疵的存在性问题. 但是在20世纪40年代后期，若干答案的本质因素还不是一下子就能被大家采纳的.

当时，一个比较容易的问题已经解决，它的解对于存在性问题的解决来说有显著的贡献. 在19世纪到20世纪的转折时期，帕累托已经用微分学通过价格系统给出了经济的最优状态的特征. [即列举达到最优状态的数学条件.] 在同样的数学框架中，帕累托理论的长期发展达到了朗格(O. Lange)1942年的论文和阿莱士1943年的论文所创造的高度. 1950年，阿罗在数理统计和概率论的第二届伯克利专题讨论会上，我在计量经济学学会哈佛会议上，各自用凸集理论处理了同样的问题. 两条定理都处于福利经济学领域的中心. 第一条定理断定，如果一个经济中的所有经纪人相对于给定的价格向量处于均衡，则该经济的状态是帕累托最优的. 这个定理的证明在数理经济学中算是最简单的证明之一. 第二条定理提供了更深刻的经济见解，但还是停留在利用凸集的性质之上. 这个定理断定，与经济的帕累托最优状态 $\boldsymbol{S}$ 相联系有一个价格向量 $\boldsymbol{P}$，对于这样的价

> 格，所有经纪人都处于均衡状态.…… 由凸性理论出发来处理经济问题是严格的，但是比帕累托以来的传统的微分学的处理方法更为一般和更为简单.

读者可能觉得，德布鲁教授的讲演里有一些东西不容易理解，例如集合的凸性，等等. 不过这并不要紧. 要知道，这是一篇对专家宣读的诺贝尔奖讲演，博大精深四个字是当之无愧的. 虽然有个别概念我们还不理解，但讲演的基本精神读者还是领会的，这都归功于前面两节的铺垫. 当然，前面两节没有谈到生产，没有谈到负正，但并不妨碍我们初步领会德布鲁教授的讲演.

有一些概念，如集合的凸性等，在后面几节中会适当讨论. 但作为一本普及读物，我们也不能追求每个概念和所有细节的准确理解. 下面，我们继续节录德布鲁教授的诺贝尔奖讲演中的既容易初步理解又包含全局性评价的那些部分，读者可以从中了解其他一些学者的贡献和地位. 本书后面要谈到这些学者的故事.

> ……20 世纪 50 年代初期，解决存在性问题[最优状态是否存在的问题]的时刻无疑已经来临. 除了[前面已经提到的]阿罗和我两人开始是相互独立的，后来则完全联合在一起的研究工作之外，1954 年麦肯直(L. Mckenzie)在杜克大学证明了“世界贸易的格拉汉模型和其他竞争经济系统中的均衡”的存在性. 1955 年盖尔(D. Gale)在哥本哈根，1956 年二阶堂副包(H. Nikaido)在东京，1956 年我在芝加哥，又各自独立地采用新的方法进一步研究了阿罗和我早先的工作，这使我在 1959 年出版的《价值理论》一书中大大简化了阿罗和我原先采用的证明方法.……
>
> 30 多年来，已经发展了许多其他的针对存在性问题的方法，这里我们不奢望能在这短短的讲演中像阿罗和英翠利盖多所编《数理经济学手册》一书中斯梅尔(S. Smale)的第 8 章、德布鲁的第 15 章、德刻尔(E. Dierker)的第 17 章和斯卡夫(H. Scarf)的第 21 章那样

系统的综述,但必须明确提到其中之二.

给定任意的严格正的价格向量 $\boldsymbol{p}$,我们现在讨论经济中的消费者和生产者的反应可以唯一确定超需求向量 $\boldsymbol{g}(\boldsymbol{p})$ 的情形.我们也假定每个消费者的预算约束[花费不超过财富]恰好满足,于是就有

瓦尔拉斯定律 $\boldsymbol{p}\cdot\boldsymbol{g}(\boldsymbol{p})=0$.

[就是 $p_1g_1(\boldsymbol{p})+p_2g_2(\boldsymbol{p})+\cdots+p_lg_l(\boldsymbol{p})=0$ 或 $p_1g_1+p_2g_2+\cdots+p_lg_l=0$,这是上一节讲过的.]

第二种方法是经济均衡计算的有效算法的发展,这是斯卡夫起着带头作用的研究领域.对这类算法的寻求是一般经济均衡理论研究纲领的自然部分.决定性的激励竟然来自对策论问题的解法,这是意想不到的.经济均衡的算法已经找到其大量应用的途径,并且算法本身也为一般经济均衡理论开创了一个新的重要的方向.

如果均衡是唯一的,且保证唯一性的条件已经得到满足,则由经济模型给出的均衡的解释是完备的.然而,在 20 世纪 60 年代后期才搞清楚的是,整体唯一性[只有一个比其他解都更优的解]的要求太高了,局部唯一性[一个比"附近"的其他解都更优的解]也足以使人满意.正如我在 1970 年所做的那样,可以证明,在适当的条件下,在所有经济的集合中,没有符合局部唯一性的均衡的经济的集合是可以忽略不计的.这段话的确切含义和证明方法可以在萨德(Sard)定理中找到,这个定理是斯梅尔在 1968 年的交谈中介绍给我的.最后我在新西兰南岛的米尔福德海湾把问题全部解决了.1969 年 6 月 9 日的下午,当我和我的妻子到达那里的时候,遇上了阴雨连绵的坏天气.烦闷无聊促使我去为这个已经长期捉弄我的问题而工作,而这次,观念很快就结晶了.第二天早上,晴空蓝天在海湾明媚的仲冬展现.

离开时间顺序,回溯一下 20 世纪 50 年代末期和 60 年代初期.那时是经济学的核心的理论的开始.在 1881 年,艾奇沃斯已经提出一个令人信服的论证来支持公众的不太确切的信念,即随着经纪人的数目不断增长,市场变得越来越有竞争性,从而他们当中的任何一个都是微不足道的.他特别指出,在有数目相同的两种类型的消费者的"二商品经济"中,他的"合同曲线"趋向于竞争均衡集.艾奇沃斯的辉煌成就在当时却没有激起进一步的工作,一直到 1959 年舒必克(M. Shubik)才把艾奇沃斯合同曲线与对策论中"核"的概念[它是基尔士(Gillies)在 1953 年提出来的]相联系.艾奇沃斯的结果的第一个推广是由斯卡夫在 1962 年得到的,而对于商品种类数目任意和消费者类型数目任意的完全的推广是我和斯卡夫在 1963 年得到的.与我们共同的论文相联系的是那解决问题的时刻,它已经成为最使我终生难忘的回忆之一.1961 年 12 月,那时在斯坦福大学的斯卡夫到旧金山机场接我,当他开车送我沿高速公路前往巴罗阿托[斯坦福大学所在地]时,我们两人你一言我一语地给出了解答的关键.最后,问题迎刃而解.

一般经济均衡理论的现代发展是以瓦尔拉斯的工作为出发点的,但是瓦尔拉斯的某些观念有着包括亚当·斯密(Adam Smith)的深刻见解在内的漫长的渊源.斯密的观念在于,经济的许多经纪人各自独立做出决策,并不会带来一片混乱,实际上是各自对产生社会最优状态做出贡献.这一观念事实上提出了一个有中心重要性的科学问题.在试图回答这个问题时,已经激起了一系列每个经济系统必须解决的问题的研究,诸如资源配置的有效性,决策的分散化,信息的处理.

至此，我们相当详细地引述了德布鲁教授的诺贝尔奖讲演. 从他的讲演，我们不仅知道了一般经济均衡理论在数理经济学中的历史和地位，初步领会了一般经济均衡理论的思考方法，而且特别知道了阿罗和德布鲁的主要贡献之一，就是证明了经济均衡点即帕累托最优状态是存在的. 下一节，我们要讲讲阿罗和德布鲁是怎样证明经济均衡的存在性的，并且，沿着这条路，斯卡夫等学者也做出极富创造性的贡献.

4.4 不动点定理

—— 绝大部分数学家知其然不知其所以然

阿罗教授和德布鲁教授这两位诺贝尔经济学奖获得者是怎样证明一般经济均衡理论的解的存在性的呢？即，他们是怎样证明作为帕累托最优状态的均衡点确实是存在的呢？原来，他们使用的主要数学工具，是所谓不动点定理，特别是布劳威尔（Brouwer）不动点定理.

后面，我们将结合经济学的含义来阐述什么叫作不动点定理. 现在，先介绍与不动点定理有关的一段故事. 20 世纪 70 年代，有人在美国数学界做了一次非正式的调查，发现 95% 的数学家能够说出什么是布劳威尔不动点定理，并且懂得利用这个定理去解决一些数学问题，但是，只有 4% 的数学家能够证明这个定理. 尖锐的对比发人深省. 那么容易被准确理解和被广泛应用的一个定理，其证明却那么难，这在数学史上几乎是独一无二的.

现在，我们就来说明什么是不动点定理以及怎样用它证明均衡点的确是存在的. 关心科学发展史和关心人类思想史的读者想必知道英国古典经济学的创始人亚当·斯密在他 1776 年的名著《国富论》中关于“看不见的手”的著名论述：

> “每个人 …… 所追求的只不过是他个人的安乐，只不过是他个人的利益. 当他这样做的时候，有一只看不见的手引导他去促进一种目标，而这种目标绝不是他原意要追求的东西. 由于追求他自己的利益，他经常促进了社会的利益，其效果要比他真正想促进社会利益时所能达到的效果还大.”

这一节的内容,将帮助读者了解那看不见的手是如何按照经济规律来发挥它的神秘而巨大的作用的.

记得在第二节讲瓦尔拉斯法则和帕累托最优解时说过,价格向量 $\boldsymbol{p}$ 一旦确定,第 i 个商人的需求向量 $d^i(\boldsymbol{p})$ 也就完全可以确定了,从而总的需求向量 $\boldsymbol{d}(\boldsymbol{p})=\boldsymbol{d}^1(\boldsymbol{p})+\cdots+\boldsymbol{d}^m(\boldsymbol{p})$ 也就完全确定了. 但是,商品的总库存是由总初始库存向量 $\boldsymbol{W}$ 表示的,所以,该交换经济的总的过需求向量 $\boldsymbol{g}(\boldsymbol{p})=\boldsymbol{d}(\boldsymbol{p})-\boldsymbol{W}$ 也就确定了.

过需求向量用分量表示,就是

$$\boldsymbol{g}(\boldsymbol{p})=(g_0,g_1,\cdots,g_n)$$

其中,每个分量是

$$g_j=(d_j^1+\cdots+d_j^m)-(w_j^1+\cdots+w_j^m)$$

回忆 d_j^i 表示商人 i 对商品 j 的需求,w_j^i 则表示商人 i 对商品 j 的初始据有量,所以,从上式可知,g_j 表示在这个纯交换经济市场上对商品 j 的总需求和初始总库存的差额. 如果 $g_j>0$,就表示供不应求,如果 $g_j<0$,就表示供大于求.

市场上的实际情况是怎样的呢?在一个自由贸易的纯交换经济市场上,某种商品供不应求,它的价格就会上升;某种商品供大于求,它的价格就会下降. 这是每个人都理解的市场调节机制. 由于这种市场的自我调节作用,价格因供需关系而变化着,最后形成新的价格向量 $\boldsymbol{p}'$.

举一个例子,设原来的价格向量是 $\boldsymbol{p}=(0.2,0.5,0.3)$,根据这个价格向量,过需求向量是 $\boldsymbol{g}(\boldsymbol{p})=(3,-4,0)$. 这就是说,第 0 种商品原来价格是 0.2,现在 $g_0=3>0$,表示供不应求,供应量和需求量之间有一个 3 单位的缺口. 既然供不应求,这种商品的价格就要上升,比如说从 0.2 上升到 0.3. 再看第 1 种商品,原来价格是 0.5,而 $g_1=-4<0$,表示存货多,要的人少,供大于求. 于是,这种商品的价格就要下降,比如说从 0.5 下降到 0.4. 第 2 种商品原来价格是 0.3,由于 $g_2=0$,就表示供需平衡,所以这种商品的价格保持不动. 最后,我们得到新的价格向量 $\boldsymbol{p}'=(0.3,0.4,0.3)$.

原来 $\boldsymbol{p}=(0.2,0.5,0.3)$,得到 $\boldsymbol{g}(\boldsymbol{p})=(3,-4,0)$,经过调节,形成 $\boldsymbol{p}'=(0.3,0.4,0.3)$,这是一个循环. 因为 $\boldsymbol{g}(\boldsymbol{p})$ 有一些分量不是 0,

我们可以判断原来的价格 $\boldsymbol{p}$ 无法使市场达到平衡，需要进行调整(请注意，这是自由贸易市场自发的调节能力. 我们作以上计算，只不过是模拟市场调节)，调整的结果是 $\boldsymbol{p}'$. 这个 $\boldsymbol{p}'$ 怎么样呢?是否能使市场上的供需达到平衡?这又要按照这个 $\boldsymbol{p}'$ 算出新的过需求向量 $\boldsymbol{g}(\boldsymbol{p}')$ 来. 假如说

$$\boldsymbol{g}(\boldsymbol{p}') = (1, -1, 0)$$

表示第0种商品仍然供不应求，应当把价格再升上去，第1种商品还是供大于求，价格仍跌. 这样再调整的结果，又会得到更新的价格向量 $\boldsymbol{p}''$，比方说 $\boldsymbol{p}'' = (0.35, 0.35, 0.3)$. 这时候如果过需求向量 $\boldsymbol{g}(\boldsymbol{p}'') = (0,0,0)$，就说明 $\boldsymbol{p}''$ 这个价格向量已经使市场的供需达到平衡. 按照第0种商品价格0.35，第1种商品价格0.35，第2种商品价格0.3进行自由交换，结果对每种商品的总需求正好等于总的初始库存. 这时候，这个纯交换经济就达到了帕累托最优状态，各位商人都感到满意. 这时，商人之所以感到满意，正如前一节讲过的，是因为他想再提高他的效用函数值的话，他就将付出额外的代价. 也就是说，按照他的财富的现状，经过自由交换，他所据有的商品的组成情况已经朝着他理想的方向变化了许多，他的效用函数因此提高了许多，他的偏好的满足程度也提高了许多，再想提高的话，就会损及别人的利益，同时自己也要付出额外的代价. 认识到这一点，商人们就相对满足了.

从上面举的这个例子，读者可能觉得在自由贸易的纯交换经济里，价格调整是很自然的和很简单的. 以为很自然，这是对的. 以为很简单，这就错了. 实际价格调整过程非常复杂，根本不是我们这本小册子能够准确说明的.(例如，怎样从 $\boldsymbol{p}$ 算出 $\boldsymbol{g}(\boldsymbol{p})$，又怎样从 $\boldsymbol{g}(\boldsymbol{p})$ 算出新的 $\boldsymbol{p}'$，在上面的例子里都故意回避了. 这是一个非常复杂的过程，所以我们在例子中只能够“定性地”加以说明.)

在上面的例子中，我们假设找到了使经济平衡的所谓均衡价格(0.35，0.35，0.3)或者说均衡点. 但是，这样的均衡价格或均衡点是否一定存在呢?会不会调节来调节去都达不到平衡呢?回答是，均衡点一定存在，也就是说，一定有一组价格，使一个纯交换经济市场达到平衡.

道理是这样的：从 $\boldsymbol{p}$ 经过 $\boldsymbol{g}(\boldsymbol{p})$ 的调节作用得到 $\boldsymbol{p}'$，这在上面已经

说明了.现在把 $\boldsymbol{g}(\boldsymbol{p})$ 的调节过程暂且不管，只看开始的价格向量 $\boldsymbol{p}$ 和调节后的价格向量 $\boldsymbol{p}'$，我们就知道，有一个价格向量 $\boldsymbol{p}$ 就会得到一个调节后的价格向量 $\boldsymbol{p}'$. $\boldsymbol{p}$ 和 $\boldsymbol{p}'$ 既然都是价格向量，根据我们在第 2 节里所做的规范化处理，它们都是有 $n+1$ 个分量的向量，每个分量都不是负数，$n+1$ 个分量加起来正好等于 1. 今后，我们把这种所有分量都不是负数并且所有分量加起来正好等于 1 的价格向量，叫作**规范化的价格向量**.

现在我们来看看，规范化的价格向量 $\boldsymbol{p}=(p_0, p_1, \cdots, p_n)$ 作为有 $n+1$ 个分量的 $n+1$ 维向量，在所有 $n+1$ 维价格向量构成的 $n+1$ 维空间中占据怎样的位置，形成怎样的几何图形. 高维空间的几何图形不好想象，我们就从最低维(n 最小) 的情况开始.

先看 $n=1$. 这时 $n+1=2$，也就是说有 2 种商品，所以价格向量也是 2 维的，即由两个分量组成，因此价格空间也就是 2 维的空间，这就是读者熟悉的带有直角坐标系的平面.

我们说过，在用几何方法讨论问题的时候，因为向量都是从坐标原点出发的，所以我们把点和从原点到这个点的**向量**看成是一样的. 说(3,4) 是一个点，就是说横坐标是 3 纵坐标是 4 的那个点，说(3,4) 是一个向量，就是说从原点指向(3,4) 这个点的向量. 按照多数读者的习惯，建议大家说到向量或听到向量的时候，首先把它理解成你们心目中的点.

平面上分量都非负的向量即坐标都非负的点在哪里呢?它们都在第一象限，即都在两条坐标轴将平面分割成四块的右上角的一块. 再看两个分量加起来等于 1 的向量在哪里呢?这些点都符合 $x_0+x_1=1$ 这个方程，所以都在经过点(0,1) 和点(1,0) 的直线上(图 4-3). 由此可见，平面上的规范化的价格向量，因为它们所有分量都非负并且所有(这时是两个) 分量之和为 1，所以都在以(0,1) 和(1,0) 为端点的线段上，我们把这个线段记作 S^1.

再看 $n=2$. 这时，$n+1=3$，就是说在该纯交换经济中有 3 种商品，所以价格向量也有 3 个分量，即价格向量是 3 维的. 因此，价格空间是 3 维的空间，就是人们在立体几何或解析几何中熟悉的 3 维空间. 在这个空间中，也有了立体的直角坐标系，一共有 3 条坐标轴.

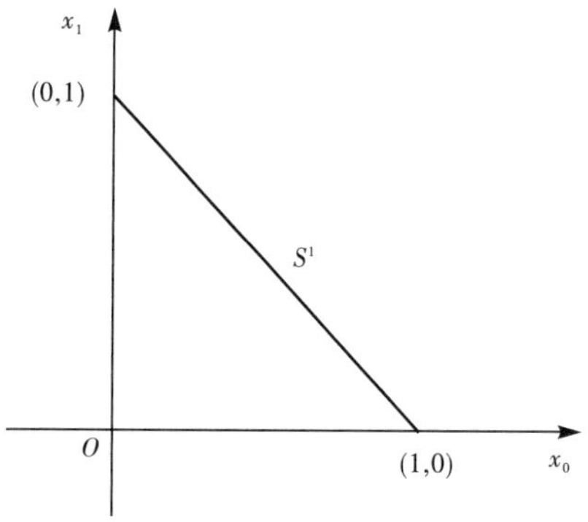

图 4-3 $n=1$ 时规范价格向量的集合 S^1

3 条坐标轴中，每两条确定一个平面，称为坐标平面. 共有 3 个坐标平面，像 3 刀把空间切成 8 块. 价格向量的分量都不是负数，所以表示价格向量的点都在图中面对读者的一块空间中.

规范化的价格向量除了每个分量都不是负数以外，还要所有分量加起来等于 1. 所以，规范化的价格向量(x_0, x_1, x_2)的点除了 $x_0 \geqslant 0$，$x_1 \geqslant 0$ 和 $x_2 \geqslant 0$ 之外，还要符合 $x_0 + x_1 + x_2 = 1$ 这个方程. 符合 $x_0 + x_1 + x_2 = 1$ 这个方程的点都在经过(1,0,0)，(0,1,0) 和(0,0,1) 这 3 个点的平面上(图 4-4)，这个平面被坐标平面 3 刀切下去就剩下一个

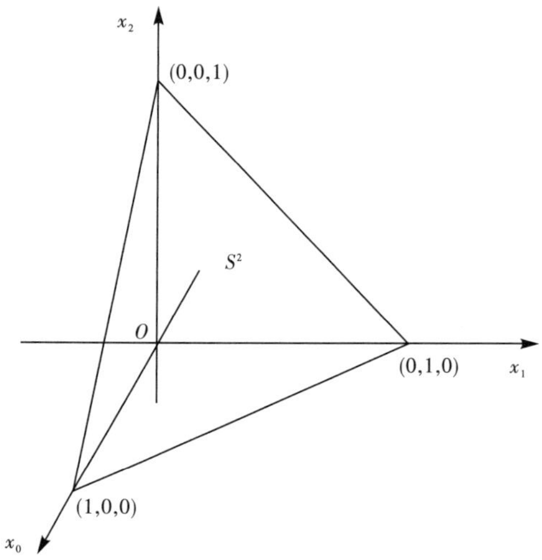

图 4-4 $n=2$ 时规范价格向量的集合 S^2

三角形，其顶点分别就是(1,0,0)，(0,1,0) 和(0,0,1). 由此可见，规范化的价格向量都在这个三角形上. 我们把以(1,0,0)，(0,1,0) 和

(0,0,1) 为顶点的这个三角形记作 S^2.

$n=3$ 的情况怎样？这时，$n+1=4$，即有 4 种商品，所以价格空间也是 4 维的. 但是，人类生活的位置空间是只有长、宽、高的 3 维空间，4 维空间就画不出来了. 不过，利用 $n=1$ 和 $n=2$ 时所讨论得到的规律，读者现在不难理解 $n=3$ 时规范化的价格向量形成怎样的几何图形. 规律是这样的(图 4-5)：

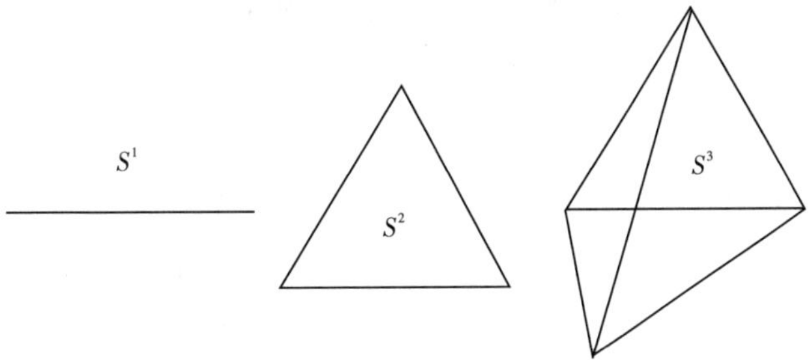

图 4-5　1、2、3 维单纯形

$n=1$ 时，规范化的价格向量形成的几何图形是以(1,0) 和(0,1) 为端点的线段 S^1. 在数学上，S^1 是一个 1 维单纯形.

$n=2$ 时，规范化的价格向量形成的几何图形是以(1,0,0)，(0,1,0) 和(0,0,1) 为顶点的三角形 S^2. 在数学上，S^2 是一个 2 维单纯形.

$n=3$ 时，规范化的价格向量形成的几何图形是以(1,0,0,0)，(0,1,0,0)，(0,0,1,0) 和(0,0,0,1) 为顶点的四面体 S^3. 在数学上，S^3 是一个 3 维单纯形.

为什么叫单纯形？读者可以暂时把它理解为最简单的有限的几何图形. 1 维单纯形 S^1 指的是具有长度的最简单的几何图形 —— 线段；2 维单纯形 S^2 指的是具有面积的最简单的几何图形 —— 三角形；而具有体积的最简单的几何图形是四面体，所以四面体叫作 3 维单纯形.

按照 $n=1$，$n=2$，$n=3$ 这样的规律，可以总结如下：所有 $n+1$ 维规范化的价格向量 $\boldsymbol{p}=(p_0,p_1,\cdots,p_n)$ 形成的几何图形是 n 维单纯形 S^n. 换句话说，每个 $n+1$ 维规范化的价格向量 $\boldsymbol{p}$ 都在 n 维单纯形 S^n 上. 这个事实，我们把它记作 $\boldsymbol{p}\in S^n$，符号 $\in$ 表示属于、位于，$\boldsymbol{p}\in S^n$ 就表示价格向量位于 S^n 上，所以 $\boldsymbol{p}$ 是一个规范化的价格向量.

前面说过，价格向量 $\boldsymbol{p}$ 定了以后，过需求向量 $\boldsymbol{g}(\boldsymbol{p})$ 就随之确定

了,而过需求向量 $\boldsymbol{g}(\boldsymbol{p})$ 又按照“供不应求则价格上升、供大于求则价格下降”的市场调节机制,确定一个新的价格向量 $\boldsymbol{p}'$. 把 $\boldsymbol{p}$ 怎样确定 $\boldsymbol{g}(\boldsymbol{p})$,$\boldsymbol{g}(\boldsymbol{p})$ 又怎样确定 $\boldsymbol{p}'$ 这两个非常复杂的市场运动过程的细节撇开不管,我们可以看到,有一个 $\boldsymbol{p}$,就可以得到一个新的 $\boldsymbol{p}'$ 与之对应. 所以,市场调节机制在 S^n 到 S^n 之间建立了一个对应,有一个 $\boldsymbol{p} \in S^n$,就有一个 $\boldsymbol{p}' \in S^n$. 这个对应关系非常复杂,但我们可以用一个笼而统之的抽象的符号 f 来表示.“抽象”似乎可怕,但抽象的符号有一个极大的优点,就是避开那些干扰我们分析研究问题注意力的错综复杂的细节.

现在,$f: S^n \to S^n$ 表示从 S^n 到 S^n 自己的一个对应. 有一个 $\boldsymbol{p} \in S^n$,就有一个 $\boldsymbol{p}' \in S^n$ 与之对应,这个 $\boldsymbol{p}'$ 今后就记作 $\boldsymbol{f}(\boldsymbol{p}) \in S^n$,至此,读者可以避开无关紧要的细节,紧紧抓住纯交换经济价值规律运动的本质,那就是:有一个价格向量 $\boldsymbol{p} \in S^n$,就可以通过市场调节得到一个新的价格向量 $\boldsymbol{f}(\boldsymbol{p}) \in S^n$.

作为市场调节这个极端复杂的过程的一个抽象的代表,对应 f: $S^n \to S^n$ 应当是连续的. 这就是说,如果两个价格向量 $\boldsymbol{p}$ 和 $\boldsymbol{q}$ 相差很少,那么它们的后果 $\boldsymbol{f}(\boldsymbol{p})$ 和 $\boldsymbol{f}(\boldsymbol{q})$ 也相差很少,即它们经调节后分别得到的新的价格向量相差也很少. 这是符合人们对市场经济的实际体验的.

用一句话总结以上全部讨论,就得到有限纯交换经济的基本规律:

市场调节 $f: S^n \to S^n$ 是从 S^n 到 S^n 本身的一个连续对应.

至此,就可以证明经济均衡确是存在的了. 1912 年,荷兰数学家布劳威尔提出并且证明了一个不动点定理. 这个定理非常重要,非常有用,后来就叫作布劳威尔不动点定理. 这个定理说:

只要 $f: S^n \to S^n$ 是从 S^n 到 S^n 本身的一个连续对应,f 就一定有不动点.

按照最简单的三段式逻辑推理,既然只要 $f: S^n \to S^n$ 是一个连续对应,它就一定有不动点,而市场调节 $f: S^n \to S^n$ 正是一个连续对应,所以市场调节 $f: S^n \to S^n$ 一定有不动点. 这样,我们就得到了一个重要的结论:

市场调节 $f: S^n \to S^n$ 一定有不动点.

这个结论为什么重要?不动点是什么意思?请看, $\boldsymbol{p} \in S^n$ 是一个规范化的价格向量,经过市场调节 f,变成新的规范化的价格向量 $\boldsymbol{f}(\boldsymbol{p}) \in S^n$,所以,市场调节使 $\boldsymbol{p} \in S^n$ 变成 $\boldsymbol{f}(\boldsymbol{p}) \in S^n$. 一般说来, $\boldsymbol{p}$ 和 $\boldsymbol{f}(\boldsymbol{p})$ 是不相等的. 但是如果 $\boldsymbol{p}$ 和 $\boldsymbol{f}(\boldsymbol{p})$ 相等, $\boldsymbol{p} = \boldsymbol{f}(\boldsymbol{p})$,就是说这个价格向量 $\boldsymbol{p}$ 经过市场调节保持不变,没有动, $\boldsymbol{p}$ 就叫作对应 f 的不动点.

在第一章讲迭代的时候,我们已经讲过不动点. 但是,现在应当着重从经济学的意义来理解不动点的含义. $\boldsymbol{p}$ 是市场调节 f 的不动点,就是说,按照 $\boldsymbol{p}$ 这个价格向量,市场的过需求向量 $\boldsymbol{g}(\boldsymbol{p})$ 正好等于 0,供求正好平衡,所以价格不需要再调整了,或者换一个说法,价格经过"调整",还维持原样不动. 这样一种供求正好平衡的状态,不就是人们称之为经济均衡的最优状态吗!可见,在经济学里,不动点就意味着经济均衡状态. 所以,不动点也就是经济均衡价格. 按照均衡价格去进行交换,供求平衡,每个商人都使自己的效用函数达到极大,整个纯交换经济系统达到帕累托最优状态.

现在再把前面得到的重要结论"翻译"成纯粹经济学的语言,就是:

有限纯交换经济系统一定会有均衡状态.

这就是获得诺贝尔经济学奖的阿罗-德布鲁定理的一种最通俗的说法. 阿罗教授和德布鲁教授就是利用数学上的不动点定理来达到他们在经济学上的这项巨大成就的. 绝大多数数学家尚且知其然不知其所以然的布劳威尔不动点定理,竟然在经济科学的肥沃田野上开出鲜艳的花,结出丰硕的果,真是 20 世纪科学发展史上值得大书一笔的故事.

4.5 斯卡夫开创不动点算法

一般经济均衡理论已经获得了两顶诺贝尔桂冠. 如果仅仅由于这个原因人们就会推崇这门学说的话,那还是带有一点盲目性的. 本书的读者则有较深一层的体会,他们对亚当·斯密 200 多年前在《国富论》一书中关于"看不见的手"的著名论述的理解具体得多了. 一般经济均衡理论说,当每个人追求自己的利益时,他经常促进了整个社会的利益，其效果要比他真正想促进社会利益时所得到的效果更大. 商品经济的发展，果真会带给人类这样一幅和谐美好的图画吗?这里面，不但有思想体系和社会制度的问题，而且有深刻的哲学问题. 这些问题，绝不是几百篇论文、几十本专著或十年二十年的研究能够解决的，更不可能在我们这本小册子里得到什么一般性的答案. 我们宁愿把这些问题留给社会实践和人类历史去解决. 但是，如果从系统理论的观点来看待亚当·斯密的名言，他实际上提出了一个意义十分深远的问题(史树中教授语)：

假设有一个包含许许多多小系统的大系统，大系统有一个总的目标，小系统也各有各的小目标. 试问：是否可能存在一只"看不见的手"来对各小系统进行引导，使得每个小系统都只需追求各自的小目标最优，就能使大系统的总目标达到最优?

这样的问题在社会科学和自然科学的许多地方都会遇到. 例如我们可以设想上述的系统是个工业控制系统，或者是经济管理系统，甚至是生态系统等. 这也就是我们研究一般经济均衡问题的意义所在. 亚当·斯密在写他的《国富论》时，恐怕并未对他自己的名言作这样的理解. 两百多年社会发展和科学发展的结果，才使问题达到了现在这样的深度.

回到数理经济学来，阿罗教授和德布鲁教授在所做的理想化假设下，证明了：

有限纯交换经济系统一定会有均衡状态.

这项研究成果是很好的. 但是，有没有不尽如人意的地方呢?这项研究成果是否已经令人满意得只需要欣赏和喝彩了呢?

阿罗和德布鲁的成就是很大的，但是人们并不满足. 为什么?道理很简单：阿罗和德布鲁的定理告诉人们均衡价格是存在的，至于均衡价格究竟是什么，是多少，怎么算，那就对不起，请你另找高明.

这种缺陷是从数学方面继承过来的. 在数学上，有一些理论是回答"问题有没有解"的，这种理论称为是**存在性的**. 另外有一些理论是教给你"怎样找问题的解"的，这样的理论称为是**构造性的**. 存在性的理论有很大的价值. 例如，数学家已经证明不能只用直尺和圆规三等分任意一个角，那我们就不必再在这上面白花力气，而是要另想办法.

反过来,如果根据存在性的理论已经判明某个问题的解是存在的,那就值得千方百计把它找出来.单是存在性,也有不足之处.好比一个人问路,你告诉他,路是有的,至于怎么走,请自己去找.这样的理论,往往就不能帮助人们彻底地解决面对的问题.面对一个应用问题,不具体把解求出来,就不能算已经彻底解决.构造性的理论的优点就是告诉人们怎样把解找出来,怎样把答案算出来,所以应用部门最喜欢构造性的理论.

以判断"是否存在不动点"这样的问题为例,构造性的证明方法应当是:具体(设计一种方法)把不动点找出来,说明它是存在的.纯粹存在性的(非构造性的)证明方法则往往用"反证法":假定不动点不存在,然后引出与已知事实的矛盾来.再打个比方:大家知道,大熊猫幼仔的性别识别是一个非常困难的问题,常令专家头痛.面对三只大熊猫幼仔,闭起眼睛来你也能判断其中至少有两只是性别相同的,否则会与大熊猫只有雌雄两个性别的事实矛盾.这样一个判断过程就是非构造性的.但是倘若你对大熊猫的研究很有造诣,能够具体辨认出其中有两只是雌的,并由此得出存在一对同性的大熊猫幼仔的结论,这样一个判断过程就是构造性的.反证法在逻辑上常常是漂亮的,但带给人们的信息较少.相反,构造性的讨论虽然有时辛苦一点,却不但肯定了"存在"的事实,还指示如何把这个"存在"找出来.

阿罗和德布鲁是依靠数学上的不动点定理来证明均衡价格的存在的.在他们那个时候,数学家还没有发明计算布劳威尔不动点的有效方法,那时候的布劳威尔不动点定理还纯粹是存在性的,不是构造性的.所以,阿罗和德布鲁关于"均衡价格肯定存在"的定理,也就不是构造性的.阿罗和德布鲁的定理告诉人们最优状态是存在的,但没有告诉人们怎样找到这个最优状态,这就是美中不足之处.

知不足然后有进取.经过多年艰苦的研究,美国著名的耶鲁大学经济学系教授赫伯特·斯卡夫(H. Scarf,第3节德布鲁的诺贝尔奖讲演中已经提到过他)在1967年发表了一篇论文,提出了一种计算布劳威尔不动点的方法.由于斯卡夫的这一发明,从此,均衡价格不但是肯定存在的,而且可以具体计算出来了.

现在,我们对于比较简单的$n=2$的情况,介绍一下斯卡夫计算经济均衡价格的方法. 这种方法,还有点数学游戏的色彩呢.

$n=2$,那么 $n+1=3$,只有三种商品,所以规范化的价格向量是这样的 $\boldsymbol{p}=(p_0,p_1,p_2)$. 价格向量都在 2 维单纯形 S^2 上. 经过市场调节 f,新的价格向量是 $\boldsymbol{f}(\boldsymbol{p})$. $\boldsymbol{f}(\boldsymbol{p})$ 也在 S^2 上,所以也有三个分量,记作 $\boldsymbol{f}(\boldsymbol{p})=(f_0(\boldsymbol{p}),f_1(\boldsymbol{p}),f_2(\boldsymbol{p}))$,或者更简单地,记作 $\boldsymbol{f}(\boldsymbol{p})=(f_0,f_1,f_2)$. 从 $\boldsymbol{p}=(p_0,p_1,p_2)$ 经过市场调节 f 的作用,变成 $\boldsymbol{f}(\boldsymbol{p})=(f_0,f_1,f_2)$,有些分量可能变大,有些分量可能变小. 斯卡夫想,如果能找到一个价格 $\boldsymbol{p}$,在市场调节 f 作用以后,所有分量都不变大,这就一定是均衡价格. "所有分量都不变大" 的市场意义是什么呢,就是每种商品都不涨价. 朴素的顾客心理学促使我们认为,这样的状态当然是最优状态. 这种朴素的直觉是有启发性的,但并不是科学的论证. 因为价格向量各分量之和总是 1,所有分量都不变大的话,那么每个分量也不能减小(否则怎么能维持"加起来等于 1" 的性质呢),所以这时必须 $f_0=p_0,f_1=p_1,f_2=p_2$,都没有变. $\boldsymbol{p}=\boldsymbol{f}(\boldsymbol{p})$,价格向量 $\boldsymbol{p}$ 在经过"供不应求则价格上升,供大于求则价格下降" 的市场调节 f 的作用以后保持不动,所以价格向量 $\boldsymbol{p}$ 确是均衡价格. 斯卡夫教授明确了这种想法以后,就想办法设计寻找所有分量都不变大的那些价格的方法. 下面介绍的,就是在斯卡夫发明以后,经过别的经济学家和数学家改进了的方法. 在本书中,还是称为斯卡夫方法.

斯卡夫把三角形(图 4-6)(2 维单纯形) 很规则地分解为许多小三角形(图 4-7). 以后,就要计算小三角形的某些顶点. 因为 S^2 上的点都是规范化的价格向量,所以这些顶点也都是规范化的价格向量. 现在,盯住规范化的价格向量 $\boldsymbol{p}=(p_0,p_1,p_2)$ 的不等于 0 的分量. 经过市场调节 f 以后,

若非 0 的 p_0 不变大,给 $\boldsymbol{p}$ 标号 0;

若非 0 的 p_1 不变大,给 $\boldsymbol{p}$ 标号 1;

若非 0 的 p_2 不变大,给 $\boldsymbol{p}$ 标号 2;

如果按此规则可以给 $\boldsymbol{p}$ 不止一个标号,就规定只给它最小的那个标号. 这样一来,每个小三角形的顶点就都可以得到一个标号,标号是一个号码,是 0 或 1 或 2 的一个号码.

例如,$\boldsymbol{p}=(0.2,0.47,0.33)$ 变成 $\boldsymbol{f}(\boldsymbol{p})=(0.2,0.45,0.35)$,$\boldsymbol{p}$ 的

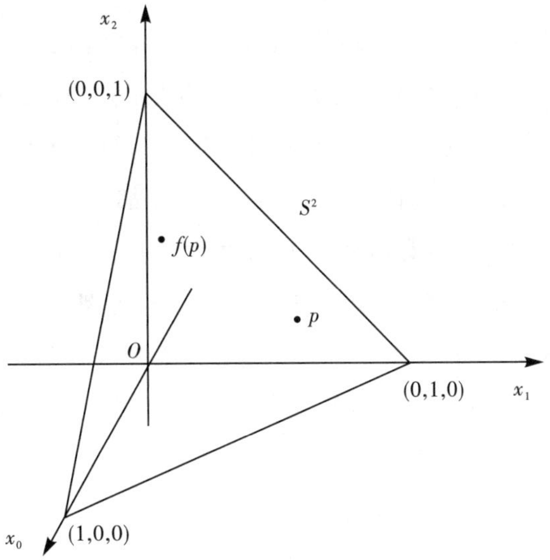

图 4-6　斯卡夫方法

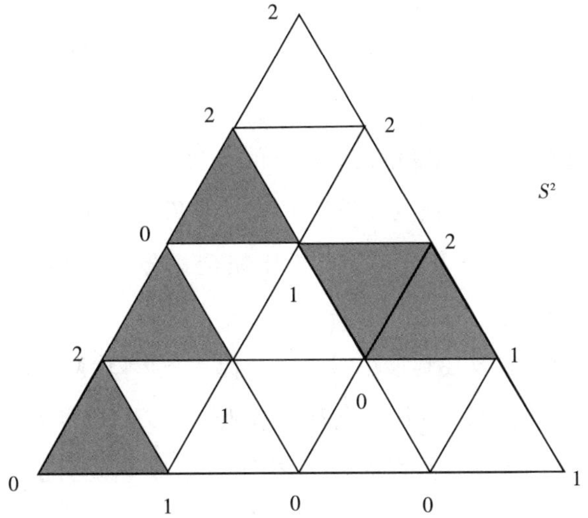

图 4-7　全标三角形

三个分量都不是 0,所以三个分量都要检查经过市场调节 f 作用以后是否不变大. 结果,$p_0 = 0.2 \to f_0 = 0.2$ 没有变大,可以标号 0;$p_1 = 0.47 \to f_1 = 0.45$ 也没有变大,也可以标号 1;$p_2 = 0.33 \to f_2 = 0.35$ 变大了,不可以标号 2. 最后,在 0 和 1 中选小的一个,$\boldsymbol{p}$ 的标号是 0.

请读者对照着看上面两个图,大三角形 S^2 有三条边. 在底边上的价格向量 $\boldsymbol{p} = (p_0, p_1, p_2)$,都符合 $p_2 = 0$. 按照斯卡夫的标号规则,要盯住非 0 分量，现在 $p_2=0$，所以底边上的价格向量的标号不会是 2. 同样的道理，左侧边上的价格向量的 $p_1=0$，所以左侧边上的点(点也就是价格向量)的标号不会是 1；右侧边上的价格向量的 $p_0=0$，所以右侧边上的点的标号不会是 0. 每个顶点都算一下标号，就可以得到像前面图 4-7 那样的情况，其中数码 0，1，2 都是标号. 请注意底边上没有标号 2，左侧边没有标号 1，右侧边没有标号 0.

1928 年，德国数学家斯派奈(E. Sperner)证明过一个定理，这个定理说：如果把一个大三角形(规则地)分成许许多多小三角形，然后往小三角形的每个顶点上随便丢 0 或 1 或 2 之中的一个号码，那么，只要底边上没有 2，左侧边上没有 1，右侧边上没有 0，就一定有一个小三角形，它的三个顶点的号码都不相同.

你可以自己多画几张图，随心所欲地往点子上丢 0 或 1 或 2 的号码，并且底上不许用 2，左边不许用 1，右边不许用 0. 每一次，你都会发现一定有三个顶点号码都不相同的小三角形. 在前面的图 4-7 上，这样的小三角形一共有 5 个. 斯派奈其实证明了，这样的小三角形的数目一定是奇数. 所以，至少有一个.

号码只有 0，1，2 三种. 三个顶点的号码都不同，那么肯定有一个顶点标号为 0，有一个顶点标号为 1，有一个顶点的标号为 2. 这样的小三角形，各种(三种)标号都有，叫作完全标号三角形，简称**全标三角形**.

斯卡夫想，只要找到很小很小的全标三角形，均衡价格就找到了. 为什么呢？三角形很小，各顶点都很接近，所以各顶点的行为就差不多. 如果这个小三角是全标的，有一个顶点标号 0，说明在这个顶点 p_0 不变大；有一个顶点标号 1，说明在这个顶点 p_1 不变大；另一个顶点标号 2，说明在该顶点 p_2 不变大. 这三个顶点靠得很近，它们的行为(经过市场调节 f 的作用后的变化情况)就相差无几. 所以，每个顶点 $\boldsymbol{p}$ 的三个分量 p_0，p_1，p_2 差不多都不变大. 前面说了，每个分量都不变大，但它们加起来总等于 1，必须每个分量都保持不动，这不正是梦寐以求的不动点 —— 均衡价格吗？

读者会问，上面一段话里，有“差不多”如何如何的说法，科学上允许“差不多”吗？

的确，科学上是不允许马马虎虎的. 但是，“差不多”并不等于“马虎”. 科学上有许多问题是不能够“差不多”的，本书第1章讲区间迭代时，“差之毫厘，谬以千里”，终于产生紊乱现象，就是一个典型的例子. 在这种时候，“差不多”是会误事的. 不过，科学上也有许多问题是允许说“差不多”的. 例如我们说“当 x 很大的时候，$1/x$ 差不多等于0”，这句话就没有错. 虽然 $1/x$ 永远不等于0，但只要 x 很大，$1/x$ 要多么小有多么小，这就是我们说 $1/x$ 差不多等于0的真正含义. 我们在讲斯卡夫方法时说的“差不多”，就是这种意思. 这不但是一种合理的说法，而且是可以用微积分来证明其严格性的. 科学上还有一些问题是一定要说“差不多”的，不允许“差不多”还不行. 例如，测量地球到太阳的距离就是这样一个问题，如果一定要绝对准确，准确到1厘米，1毫米，甚至1微米，那干脆谁也别想去解决这个问题.

言归正传，要找小的全标三角形，斯派奈的定理说一定有小的全标三角形，但没告诉怎么把它找到. 斯卡夫教授发明了一种巧妙的方法（实际上是别人受斯卡夫的启发后发明的方法，比斯卡夫原来的方法简单得多，又容易理解，所以我们就讲这种改进了的方法）：

在原来规则地分割成许多小三角形的大三角形下面，人为地添上一层小三角形. 这样就新添了一层顶点，这些顶点用人为的标号，使得左面几个顶点的标号全是0，右面几个顶点的标号全是1. 这样，在人为添上去的底边上，有一条并且只有一条小三角形的边，左端标号是0，右端标号是1（图4-8中△处），这条边就是找全标小三角形的出发点. 从这个出发点开始，按照“标号0的顶点在左方、标号1的顶点在右方”的规则前进，一定可以在有限步内找到一个全标小三角形.

图上从△开始，穿过几个小三角形，就到达我们要找的全标小三角形了.

看起来，这种20世纪60年代和70年代才发明的寻找（计算）不动点和均衡价格的方法，还是挺有趣的. 既不深奥，也不抽象，中学生也可以理解. 用这种方法找全标小三角形，一定会成功吗？

现在，我们就来证明，用这种方法找全标小三角形，是一定会成功的. 首先请读者注意，这个扩大了的大三角形的边缘上，只有一条小边是一端标号是0另一端标号是1的，它就是计算的出发点. 大三角形左

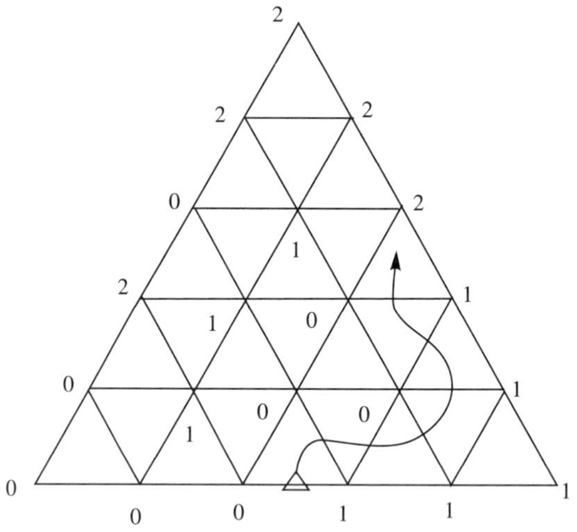

图 4-8 寻找全标三角形的方法

边原来缺标号 1，现在再人为添一个 0，还是缺标号 1，所以大三角形左边上没有一头 0 一头 1 的小边. 大三角形右边原来缺标号 0，现在人为地添了一个 1，还是缺标号 0，所以大三角形右边上也没有一头 0 一头 1 的小边. 可见，扩大了的大三角形边缘上，一头 0 一头 1 的小边确实只有 △ 一个. 假如按照 0 在左 1 在右的规则前进一直找不到全标小三角形，假如跑遍了所有小三角形也没遇上一个全标小三角形，那么图上代表前进踪迹的曲线就会穿出大三角形的边缘，并且按照规则，穿出去的地方那条小边一定是一头 0 一头 1 的. 这么一来，扩大了的大三角形的边缘上就至少有两条小边是一头 0 一头 1 的，不符合这样的小边只有一条的事实. 所以，一定会找到全标小三角形.

明白了这种方法一定可以找到全标小三角形以后，比较细心的读者会问：会不会找到一个假的全标小三角形呢？因为我们把原来的大三角形扩充了一层，最底层都用人为的标号，不是原来真正的标号. 人为标号会不会正好凑成一个人为的“全标”小三角形呢？其实，不用担心. 记得原来的大三角形的底边上缺少标号 2，人为的底边上只有标号 0 和 1，也缺少标号 2. 扩充的大三角形只比原来的大三角形多那么一层，这层上下都缺少标号 2. 所以，只要找到全标的小三角形，就一定是在原来的大三角形中，不会是假的全标小三角形.

找到的全标小三角形越小，把它上面的点拿来做不动点就越准确,也就是说,全标小三角形越小,把它上面的向量(前面说过,点也就是向量,是规范化的价格向量)拿来作为均衡价格就越准确.要使小三角形小,只要格子分细一些就行了.上面"标号0的顶点在左侧,标号1的顶点在右侧"的前进规则,是很容易编成程序让电子计算机做的.所以,不论分得多么细,不论小三角形的数目多么大,有了电子计算机的帮助,均衡价格就很容易算出来,要多么精确有多么精确(图4-9).有限纯交换经济均衡价格的计算方法问题,就这样被斯卡夫教授解决了.

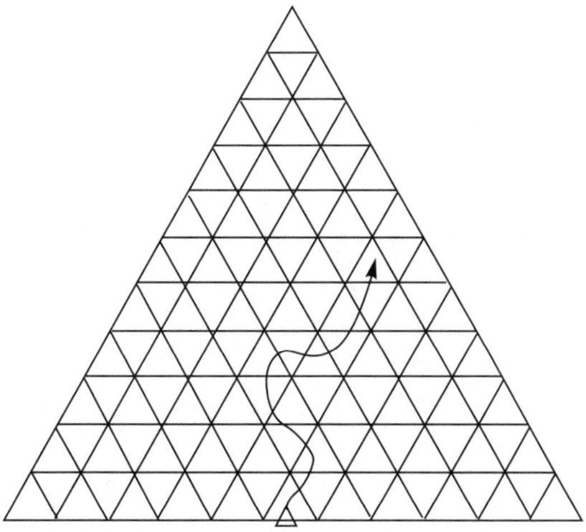

图4-9　分割越细,计算越细

4.6　高度非线性问题的数值解法

斯卡夫为了解决均衡价格的计算问题发明了上一节介绍的算法.阿罗教授和德布鲁教授证明了均衡价格是存在的,所以荣获了诺贝尔经济学奖(当然,还有一些别的成就).现在,斯卡夫说,均衡价格不但是存在的,而且我有办法把它算出来.能算出来,比只肯定存在而不知道如何去算又前进了一步,要强得多.所以,经济学界,特别是数理经济学界普遍认为斯卡夫教授的方法是卓越的进展.

均衡价格就是不动点.斯卡夫的方法,实际上是计算布劳威尔不动点的方法.除了数理经济学的一般经济均衡理论以外,数学(特别是应用数学)方面的许多问题,也都相当于寻求和计算不动点的问题.例如,要解方程

$$7x^9 - 12x^5 + 18x - 75 = 0$$

就相当于求

$$\begin{aligned} f(x) &= (7x^9 - 12x^5 + 18x - 75) + x \\ &= 7x^9 - 12x^5 + 19x - 75 \end{aligned}$$

的不动点的问题. 因为如果你找到了 $\bar{x}$ 是 $f(x)$ 的不动点，就是说 $f(\bar{x}) = \bar{x}$，也就是

$$7\bar{x}^9 - 12\bar{x}^5 + 19\bar{x} - 75 = \bar{x}$$

所以

$$7\bar{x}^9 - 12\bar{x}^5 + 18\bar{x} - 75 = 0$$

可见这个 $\bar{x}$ 就是原方程的解(原方程的根).

一般来说，假如要解方程

$$g(x) = 0$$

(这里 g 如同 f，都是表示函数的一个抽象符号) 我们就可以造一个新的函数 $f(x)$ 使得

$$f(x) = g(x) + x$$

然后想办法算出 $f(x)$ 的不动点来. 如果算出 $\bar{x}$ 是 $f(x)$ 的不动点，那么 $f(\bar{x}) = \bar{x}$，也就是

$$f(\bar{x}) = g(\bar{x}) + \bar{x} = \bar{x}$$

两边消去各一个 $\bar{x}$，就得到

$$g(\bar{x}) = 0$$

可见 $\bar{x}$ 一定是原方程

$$g(x) = 0$$

的解.

如果遇上一个比较简单的方程 $g(x) = 0$，我们可以直接算出它的根来. 例如一元二次方程有现成的求根公式，直接算就可以了，不必绕什么弯子. 但如果遇上一个比较复杂的方程 $g(x) = 0$，用普通的方法算不出来，那就可以试试能不能把

$$f(x) = g(x) + x$$

的不动点算出来. 倘若能把 $f(x)$ 的不动点算出来，正如上面所说，算出来的那个点(那个数，那个值) 也就是原方程 $g(x) = 0$ 的解.

过去，算不动点是一件很困难的事，只有一小部分情况不动点是

可以算出来的，大部分情况还是：不动点是有的（存在的），但不知怎么算. 现在，有了斯卡夫发明的计算不动点的方法，许多过去不能算的不动点问题，现在都能算出来了. 解方程，算不动点，本来是数学方面的事情. 现在，经济学家斯卡夫为了解决均衡价格的计算问题，发明了不动点的计算方法，这同时也就成为数学上解方程方面的一大进展. 这是 20 世纪经济学的发展反过来推动数学发展的典型事例.

上面随便举例说到的方程其实还是非常简单的. 科学家、工程师经常对付的方程要复杂得多. 为了解这些方程，往往要借助于微分学、积分学等高深的数学理论来帮忙. 但是，斯卡夫的方法却特别简单，就算 0,1,2 这样的号码，什么微积分也用不着. 科技工作者知道，当你求助于微积分的时候，你所对付的函数必须比较“好”，不要“太调皮”. 数学上，“非线性”就是“调皮”的一种表示. 有些问题如果是非线性的话，简直就没法对付，只好变成近似的线性的问题来解决. 但是，斯卡夫这种通过算 0,1,2 这些号码来计算不动点的方法，却根本不管函数“调皮不调皮”，都可以一直算下去. 斯卡夫的方法不需要算微分，也不需要算差分（什么是微分和差分，读者可暂不管），所以能够对付非常“调皮”的函数，也就是对付“高度非线性”的函数.

由于这个原因，自从斯卡夫发明的方法在 1967 年发表以后，许多数学家跟着这位经济学家的发明走，共同创立了一种崭新的计算方法，叫作单纯不动点算法. 应用数学界认为，它是“高度非线性问题”计算的有效方法.

在前几个世纪，总是天文学、力学、物理学推动着数学的发展. 到了 20 世纪，历史上离数学比较远的生物学和经济学，不仅迅速和数学相互靠拢，而且对数学的发展产生了强大的推动力. 这种学科之间的交叉、渗透和相互刺激，在 21 世纪必将表现出更丰富的内容.

五　数学:应用的广阔天地

5.1　站在巨人的肩上

1973 年底,还是在美国马里兰大学数学系,正在讲授拓扑学课程的凯洛格(R. Kellogg) 教授用赫希(M. Hirsch) 的方法证明著名的布劳威尔不动点定理.

上一章我们介绍了斯卡夫计算不动点的方法,并且说明了为什么斯卡夫的方法一定能够找到不动点. 找到了,当然说明不动点是存在的. 所以,斯卡夫的方法实际上构造性地证明了不动点的存在,证明了不动点定理. 斯卡夫通过算 0,1,2 这些号码来寻找不动点的方法,是比较容易理解的,没有用到什么高深的数学知识. 用数学的行话来说,斯卡夫的证明方法是初等的. 读者不要从字面上以为初等的方法就是次一等的方法,就是不高明的方法. 数学上有时恰恰相反,越是初等的方法,越受到人们的赞赏. 道理很简单:同一个问题,甲用很高深的理论、很复杂的方法把它解决了,乙却用较简单的、容易让人掌握的方法把它解决了,谁更值得称赞呢?当然是乙. 的确,随着科学的发展,数学家面临的问题越来越复杂,这就要发展新的理论,往往不得不采用高深的理论和复杂的方法. 但如果明明能用简单的方法解决问题,你却找来一大堆高深的理论,通过十分复杂的方法来对付它,这种杀鸡用牛刀的做法是不值得称道的,也不会有人因此夸奖你学识渊博、本领超人. 布劳威尔不动点定理是在本世纪初提出来的,当时还没有发明斯卡夫的方法,所以数学家不得不通过拓扑学来证明这个定理. 在数学里面,拓扑学是一门比较抽象、比较高深的课程. 以中国为例,有一些大学的数学系学生也是不学拓扑学这门课的. 美国以前也是这样,所以才会产生 95% 的数学家对布劳威尔不动点定理知其然不知其所以然的情况.拓扑学学到"同调论"以后才能证明布劳威尔不动点定理,这已是纯粹数学研究生课程里的内容了.1973 年底,斯卡夫的方法当然已经发表了,但是还不像我们在第 4 章介绍的那么好懂,所以流传还不广.凯洛格教授那时在马里兰大学数学系研究生的拓扑学课程中讲布劳威尔不动点定理时,用的还不是斯卡夫的方法.

数学上,形式上不同的说法可能在实质上是一样的,具有同样的意思,这样的说法叫作是等价的.特别是,如果从说法 A 可以证明说法 B,反过来从说法 B 也可以证明说法 A,那么说法 A 和说法 B 就是等价的.最简单的例子是"N 是偶数"和"N 含有 2 这个因子"这两种说法,如果 N 是偶数,当然可以"证明"N 含有 2 的因子,反过来如果 N 含有 2 的因子,也可以"证明"N 是偶数.所以"N 是偶数"和"N 含有 2 这个因子"这两种形式上不同的说法,完全是等价的.当然,这个例子特别简单,一眼就看出两种说法是等价的.有些等价的说法就不那么明显,要有一定数学修养的人才能看出它们实际上是等价的.布劳威尔不动点定理就是这样,有好几种等价的说法.上一章我们用的是单纯形的说法,现在我们将采用球体的说法.单位球体,就是空间中与原点的距离不超过 1 的所有点组成的几何图形.所以 1 维球体 B^1 是线段$[-1,1]$;2 维球体 B^2 是平面上的圆盘 $x_1^2+x_2^2\leqslant 1$(图 5-1);3 维球体 B^3 是空间中的实心球 $x_1^2+x_2^2+x_3^2\leqslant 1$.推而广之,$n$ 维球体 B^n 就是

$$B^n=\{(x_1,\cdots,x_n)\mid x_1^2+\cdots+x_n^2\leqslant 1\}$$

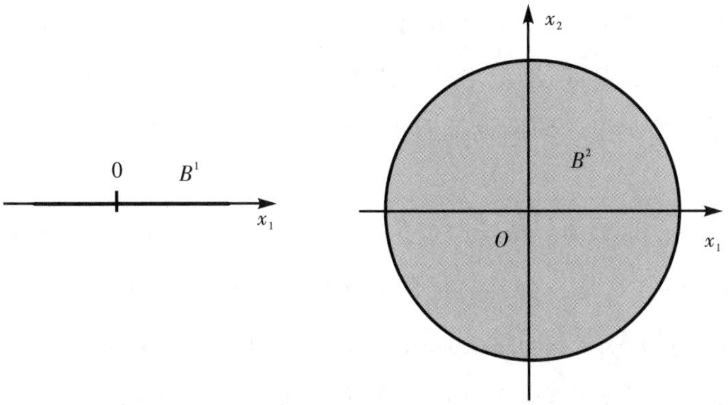

图 5-1　1 维和 2 维球体

由 n 维空间中与原点的距离不超过 1 的点组成.各维球体都可以笼统地用一个字母 B 表示,球体的表面(空心球)就用一个字母 S 表示.

布劳威尔不动点定理说：如果 $f:B\to B$ 是从球体 B 到球体 B 自身的一个连续的对应，f 就一定有不动点，即一定有 B 中的一点 x^* 使得 $f(x^*)=x^*$.

凯洛格教授用赫希的反证法来证明这个定理：假如没有不动点，就是 $f(x)$ 和 x 总不重合，那么从 $f(x)$ 可以画一条射线经过 x，到达球体的边界 S 上的一点，把这点记作 $g(x)$，如图 5-2 所示. 对于每个 x，都可以确定这样的一个 $g(x)$，所以，我们就得到了从球体 B 到它的表面边界 S 上的一个连续对应 $g:B\to S$. 但这是不可能的，所以原来的假设“没有不动点”是谬误的. 这就反证了 f 一定有不动点，即一定有一点 x^*，使得 $f(x^*)=x^*$.（符号在第 4 章已经见过）

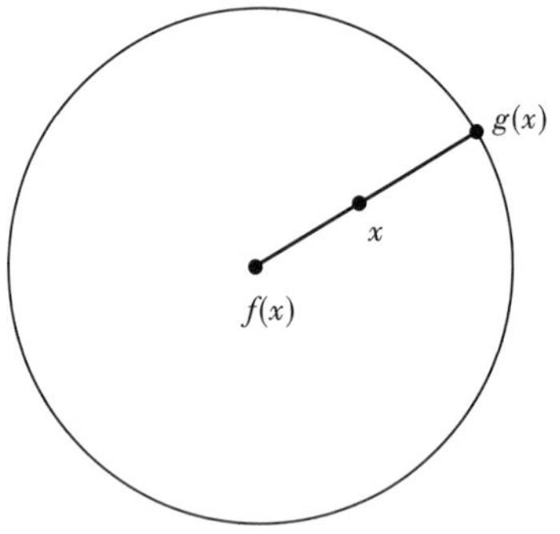

图 5-2　赫希的反证法

为什么不可能有从球体 B 到它的边界 S 的连续对应呢？直观地说，连续对应就是连续变化. 大家知道，球体 B 只要不撕裂，就不可能收缩成它的边界. 这是可以用肥皂水做实验的：如果不把圆环之间张开的肥皂水膜刺破，肥皂水就没法子收缩到圆环上去. 在数学上，人们就是用拓扑学里的同调论证明了不可能有从球体 B 到它的边界 S 的连续对应.

赫希也是美国一位著名的数学家，后来还担任过美国伯克利加州大学数学系（这是一个具有国际影响的水平很高的数学系）的主任. 赫希在 1963 年发表的这个证明，曾经轰动了数学界. 人们赞赏说：多么出色的反证法，只用了一页的篇幅，就证明了著名的布劳威尔不动点定理.

李天岩作为一个攻读博士学位的研究生，也选修了凯洛格教授的拓扑学课. 但他并不满足于欣赏赫希的成功. 他注意到，在赫希的论文中讲到了这样一件事实：如图 5-3 所示，假如 y 是球体 B 的边界 S 上的一点，那么，把球体 B 中被 g 对应到 y 去的所有的点放在一起，记作 $g^{-1}(y)$，那么 $g^{-1}(y)$ 一定是一个 1 维流形，并且这个 1 维流形一定有两个端点.（为什么记作 $g^{-1}(y)$ 不必细究）

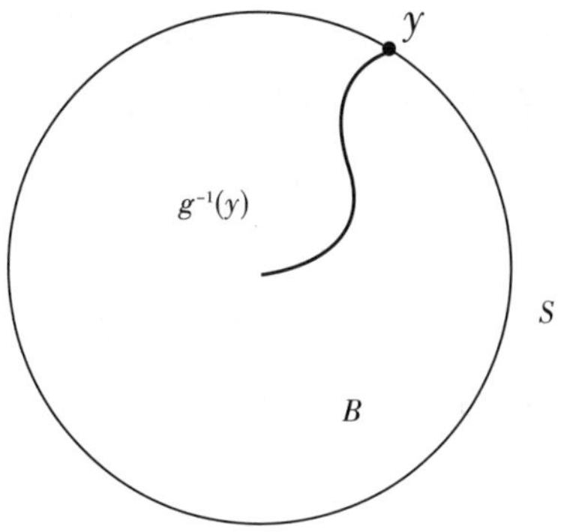

图 5-3　曲线 $g^{-1}(y)$ 的另一头在哪里？

什么是 1 维流形？通俗地说，就是没有交叉和分叉的曲线. 很明显，$g^{-1}(y)$ 的一头就是 y. 另一头在哪里呢？赫希没有说.

当许多人只顾欣赏赫希教授的漂亮的反证法的时候，当时的博士生李天岩的头脑里萌发了一个看来非常幼稚的问题：曲线的一头就是 y，另外一个头跑到哪里去了呢？

看到这里，读者不禁会想：曲线的另一个头到哪里去了，这是一个小学生都可能提出的小问题. 这样一个平凡的小问题，也能在科学世界中占据一席之地吗？

的确，虽然小学生不知道什么不动点，也不知道什么赫希，但当他知道绳子的一头在这里的时候，很自然会问绳子的另一头在哪里. 正如李天岩自己事后还一直强调的那样，这的确是一个极其平凡的小问题. 可贵的是，李天岩没有轻易放过自己头脑里闪现出来的极其平凡的小问题，他要刨根溯源问到底.

正是这种科学事业上的童心和坚持不懈的努力，使李天岩能站在巨人的肩上，和凯洛格教授和约克教授一起，开创了计算不动点的另一种计算方法 —— 连续同伦算法.

亲爱的读者，珍惜你的每一闪念吧. 也许成功就在那里等着你.

5.2 凯洛格、李天岩和约克的贡献

赫希是用反证法证明不动点一定是存在的. 李天岩问凯洛格教授,能不能把赫希的反证法改造成能把不动点具体算出来的方法呢? 凯洛格教授深为李的想法震动,仔细与这个学生进行了讨论.

设 B 是 n 维球体,那么它的边界 S 就是 $n-1$ 维球面. 赫希反证假设对应 $f:B\to B$ 没有不动点,将收缩对应 g 定义在整个球体 B 上,得出球体 B 到它的边界 S 的连续(因此不撕裂)的收缩对应 $g:B\to S$,但这是不可能的,所以反证假设对应 $f:B\to B$ 没有不动点是不对的,这就是说,$f:B\to B$ 一定有不动点. 回想一下收缩对应 $g:B\to S$ 是怎样确定的(参看上一节的图 5-2):因为 f 没有不动点,所以 x 和 $f(x)$ 总不重合. 这样,从 $f(x)$ 出发,只有一条射线穿过 x,到达边界上的一点,这点就记作 $g(x)$. 实际上,f 是有不动点的. 在不动点 x 上,x 和 $f(x)$ 重合,"从 $f(x)$ 出发穿过 x 的射线"就不能确定,当然 $g(x)$ 也就不能确定. 可见,在不动点上面,收缩对应 g 是无法定义的.

李天岩想,如果把 $f:B\to B$ 的不动点的集合记作 K,从 B 中把 K 挖掉,剩下的集合 $B-K$ 就是一个没有不动点的集合. 在这个没有不动点的集合 $B-K$ 上,收缩对应就完全可以确定了. 这样,就得到了 $g:B-K\to S$. 然后,在边界 S 上取一点 y,按照赫希说的,从 y 出发沿着曲线(1 维"流形")$g^{-1}(y)$ 走,看看能走到哪里.

下面的叙述,要用到一些微积分学的概念和术语,未学过微积分的读者,可以跳过这些概念和术语,只看最后能得到什么结论.

一般来说,$B-K$ 是一个 n 维的几何体,而 B 的边界 S 是一个 $n-1$ 维的几何体,所以 $g:B-K\to S$ 实际上代表了 n 个变量的 $n-1$ 个函数. 这时,如果 g 是光滑的、可微分的话,g 在定义域上的每一点的偏微商的雅可比矩阵是一个 n 行 $n-1$ 列的矩阵. 如果 x 是 $g^{-1}(y)$ 中的一点,即如果 x 符合 $g(x)=y$,并且如果在 x 这点 g 的雅可比矩阵是满秩的,那么根据微分学中的隐函数定理,$g^{-1}(y)$ 在 x 附近可以表示为一小段光滑的曲线. 因为 $g(y)=y$,即 $y=g^{-1}(y)$,所以上述想法对于 y 这个点也同样是对的. 如果从 y 这个点开始来重复进行上述推断,那么从 y 出发有一小段曲线引导我们走到新的一点,从这个新的点出发,又有一小段曲线引导我们走到更新的一点,这样利用隐函数定理

的方法一小段一小段地走过去,最终将到达哪里呢?应该走到 f 的不动点!所以说,曲线的另一个头就是我们梦寐以求的不动点.

请看,“绳子的另一头在哪里”这个小学生式的问题引导数学家解决了计算不动点的大问题.学过微积分学或高等数学的人都知道隐函数定理,但李天岩站在人们熟悉的隐函数定理上,看到了赫希的反证法证明可以改造为把不动点具体算出来的方法.

仔细总结起来,发现还差一点点.前面说了,如果在 x 这点 g 的雅可比矩阵是满秩的,就会有一小段光滑曲线经过 x.怎样保证这个“如果”变成真的呢?他们找到了微分拓扑学中的萨德(Sard)定理:对于 S 上几乎每一点 y 来说,y 的原象集 $g^{-1}(y)$ 中的任意一点 x 都使 g 的雅可比矩阵满秩.换句话说,原象集 $g^{-1}(y)$ 中有点 x 使得 g 的雅可比矩阵不满秩从而使上述算法会遇到麻烦的那种不好的 y,在 S 中的测度为 0,而好的 y 按测度来说却占满了 S.所以,当你闭起眼睛从球体 B 的边界 S 上随便选一个点 y 来开始一小段一小段走过去的算法时,你的成功概率是 1(图 5-4).还记得 1 是什么意思吗?1 就是 100%.所以,他们发明的这种算法,是有百分之百的成功的保证的.

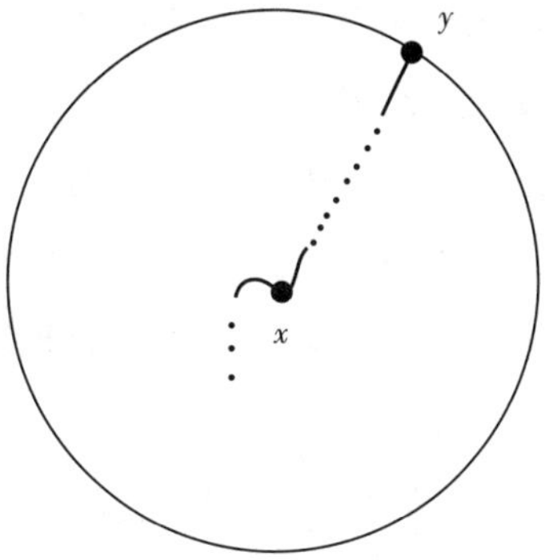

图 5-4　一小段一小段走过去

什么叫作“几乎每一点”,什么叫作“测度为 0”,什么叫作“概率是 1”?都留待下一节再说.现在先把故事讲完.

李天岩向导师约克教授谈了这些想法.约克教授不愧是一个有天才洞察力的学者,他积极地参加了进一步的讨论,亲自整理论文.虽然约克教授一向不热衷于写中等水平的论文,但他深知计算不动点的问题的重要性,所以这次却很希望成为作者之一.由于约克教授学识渊博，思绪敏捷，出了不少好主意. 最后，在题为《计算布劳威尔不动点的连续方法》的论文上按照惯例依姓氏英文字母顺序写下了凯洛格、李天岩和约克三位作者的名字.

与此同时，李天岩把算法编成计算机程序，上机试算. 一种新的算法要想在数学界科学界迅速站住脚，不但要做理论方面的论证，而且要真的算出结果来给人看才行. 一道题目，别人的方法都算不出答案，而你的方法却算出了正确的结果，这才是最有说服力的事情. 李天岩学的是纯粹数学，对算法语言和程序设计都很生疏，但他现学现编现算. 美国许多大学的计算中心为了鼓励用户在深夜计算机不忙的时候使用计算机，规定了不同的收费标准. 白天上班时间按 100% 收费，下班以后直到午夜零时，按 60% 收费，零时至上午上班之前，按 40% 收费. 但是计算中心既鼓励用户在深夜使用计算机，又创造方便的条件使用户不必真的在半夜跑到计算中心去或坐在计算机终端之前. 用户可以在白天把要算什么东西告诉计算机，并且打入“半夜计算”的指令，计算机就会记住用户的课题，等到半夜计算机有空时才插进去计算，并把计算结果打印出来保存好，等待用户第二天拿来看. 为了节省计算经费，李天岩就用这种第二天才知道计算结果的付款等级进行计算. 从 1974 年 1 月开始，整整两个月时间，李天岩每天早上到计算中心去，总是拿回来一大沓打印纸. 用过计算机的读者都知道，编一个程序，如果方法正确程序无误，很快可以算出答案来，打印出来通常总是薄薄的一沓纸. 如果方法不对或者程序错误，计算机就会把错误一条一条给你打印出来，这样就会打印出一大沓纸. 如果程序里出现要一行一行印却变成一张纸一张纸那么印的错误，或者出现算来算去在原地兜圈子那样的“死循环”，印出来的纸就更多. 整整两个月，无数的失败，无数的错误，李天岩还是一直试验下去. 最后，有一天早上，李天岩在计算中心拿到的却是薄薄的一沓纸. 一看，不动点算出来了，算法终于成功了.

前面已经说过，不动点计算问题有广泛的实际应用背景，特别是数理经济学方面对不动点——均衡价格——的计算方法有强烈的要求. 李天岩计算成功以后不久，约克教授得知第一次不动点算法与应用国际会议即将在美国南卡罗来纳州克莱姆森大学召开，就马上打电话给会议组织委员会通报他们的成果.组织委员会很快就寄来了飞机票.研究生李天岩和凯洛格教授一起，参加了这次国际学术会议.

凯洛格、李天岩和约克的新算法与我们在上一章介绍的斯卡夫的算法在风格上是迥然不同的，引起会议参加者们的浓烈兴趣.斯卡夫教授作为不动点算法的创始人在克莱姆森会议论文集《不动点：算法与应用》的序言中写道：

> “克莱姆森会议上最使我们感到兴奋的是凯洛格、李天岩和约克的论文.这篇论文用微分拓扑学的方法代替我们习惯的组合技巧.”

凯洛格、李天岩和约克的工作深刻地揭示了不动点算法的几何背景.无怪乎著名微分拓扑学家斯梅尔也很快加入了这一行列，提出了整体性的牛顿方法.现在，凯洛格、李天岩、约克和斯梅尔一样，被公认为非线性问题数值计算的连续同伦方法的创始人.

李天岩的博士论文是关于乌拉姆(Ulam)猜测的一个工作.在做博士论文的同时，作为一个研究生，他积极参与了混沌理论和不动点计算的同伦方法的开创工作，取得学术界同行公认的成果.现在世界上了解一点混沌理论的人，没有不知道李天岩和约克的《周期三则乱七八糟》的论文的；了解一点连续同伦算法的人，全都熟悉凯洛格、李天岩和约克的论文《计算布劳威尔不动点的连续方法》.10年来，他们在这两个方面和其他方面，又继续取得卓越的成果.

李天岩常说，自己是幸运的.两个问题都是社会强烈要求解决的问题；两个问题的解决，都没有使用过分高深的数学理论.从他的亲身经历可以看到，重要的是抓准问题，把握时机.在这里，导师的作用是十分要紧的，导师的洞察力如何，关系很大.但是对于青年学生和青年学者来说，则特别要有敢于以自己的想法去碰撞各种科学问题的勇气，特别要有付出坚持不懈的努力的决心.李天岩认为，自己并不比别人聪明，但有一种要做就做到底的牛劲.现在他在挑选研究生时，认为是否聪明过人并不要紧，能坚持到底，不怕吃苦，一定要弄个水落石出，这才是更重要的要求.一个问题，大人物解决不了，并不等于小人物就一定解决不了.一条路，前人多年没有走通，也许另辟蹊径却是坦途.科学，就是需要这样的献身精神和拼搏精神.

5.3 可能性为零不等于不可能

这一节，我们将说明什么叫作“几乎每一点都具有某种性质”，搞清楚“几乎每一点”是什么意思. 本来，这是大学数学里学到测度论时才会遇到的概念，现在，我们将在初中数学的基础上作一个通俗的说明. 读者肯动一下脑筋把这一节的内容消化，付出的代价是会有收获的. 事实上，“几乎每一点”如何如何、“零概率事件”、某种事情“发生的概率是 1”这样一些说法，已经是现代科学许多不同领域中共同的基本概念. 了解了这些概念以后，读者就会明白：零不等于无，可能性为零不等于不可能.

我在心中默想一个数请你猜. 虽然你有可能猜对，但猜对的概率等于 0，猜对的可能性等于 0.

你不信？好，我证明给你看.

把你可能猜对的概率用一个符号 μ 表示. 你以为猜一万次总可以猜中，自忖 μ 至少是万分之一. 或者你谦虚一些估计猜一亿次总可以猜中，这样 μ 就不小于亿分之一. 但是我告诉你，μ 一定等于 0.

道理很简单：世上的数，何止千千万万. 我们在第一章讲过，$[0,1]$ 之间的数就多得“不可数”那么多. 我心目中默想的数只有一个，别的数却有千千万万“不可数”那么多. 当你在猜我默想的那一个数的时候，那千千万万“不可数”那么多个数都是你候选的对象，并且它们作为“候选项”，和我默想的那个数一样，机会是完全一样的，处在完全平等的地位. 这其他的数当然不止一万个. 一万个其他数和我默想的那个数放在一起平等地由你挑选，挑中我默想的那个数的概率（可能性）当然是一万零一分之一，比一万分之一小. 所以，μ 小于万分之一. 这其他的数当然也不止一亿个. 一亿个其他数和我默想的那个数放在一起平等地让你挑选，我默想的那个数被你猜中的概率（可能性）当然是一亿零一分之一. 可见，μ 也比亿分之一小. 同样道理，μ 比万亿分之一小，比万万亿分之一小，比万万万亿分之一小……这就说明，μ 比任何正数都小，所以 μ 必须等于 0.

至此你应该信服，天下之数多得“不可数”，刚好猜中我默想的那个数的可能性的确等于 0.

但是，可能性等于 0，却不是完全不可能. 说不定在我默想定了一个数以后,鬼使神差地你却一下子猜中了这个数,这也是可能的.谁也不能说没有这种可能.

总起来就是一句十分简单的话:0 不等于无.现代科学的许多地方都需要这个概念.可惜,在迄今为止的学校教育中,这个本来很容易在初中数学的基础上介绍给学生的概念,一直拖到大学数学的测度论里才讲.

为了作更深入的介绍,下面会用到一些新名词,新符号.它们新则新矣,其实很容易理解.读者不必有任何惧生的心理.

首先一个是无穷级数,我们限于讨论少数几个正项无穷级数.一串正数 $a_1, a_2, a_3, \cdots$ 逐个加起来,写成 $a_1 + a_2 + a_3 + \cdots$,叫作一个(正项)无穷级数.加的过程是一个一个无休止地进行下去的,所以称为无穷级数.

这样逐个相加最后得到的结果,叫作无穷级数的和.有些无穷级数的和是无穷大,这样的级数称作是发散的.例如

$$1 + 2 + 3 + 4 \cdots$$

$$1 + 1 + 1 + 1 + \cdots$$

$$\frac{1}{100} + \frac{1}{100} + \frac{1}{100} + \frac{1}{100} + \cdots$$

都是发散的无穷级数,因为每个级数一项一项加下去,都越来越大而且迟早要比什么有限数都大,所以和都是无穷大.有些无穷级数的和是一个有限数,这样的级数称作是收敛的.例如

$$3 + 0.3 + 0.03 + 0.003 + \cdots$$

就是一个收敛的无穷级数,因为无穷次逐个相加时,虽然越来越大,但最后的结果,和是

$$3.3333\cdots = \frac{10}{3}$$

这是一个有限数.

现在介绍一个很有用的无穷级数

$$\frac{1}{2} + \frac{1}{4} + \frac{1}{8} + \frac{1}{16} + \frac{1}{32} + \cdots$$

这个级数第一项是 $\frac{1}{2}$,以后每一项分母依次乘 2.这个级数一项一项

无穷地加下去，最后结果得到和是 1，这从图 5-5 上看得非常清楚：面积为$\frac{1}{2}$，$\frac{1}{4}$，$\frac{1}{8}$，… 的矩形一个一个填下去，最后把边长为 1 的正方形方块填满，总面积是 1. 所以，这是一个收敛的无穷级数.

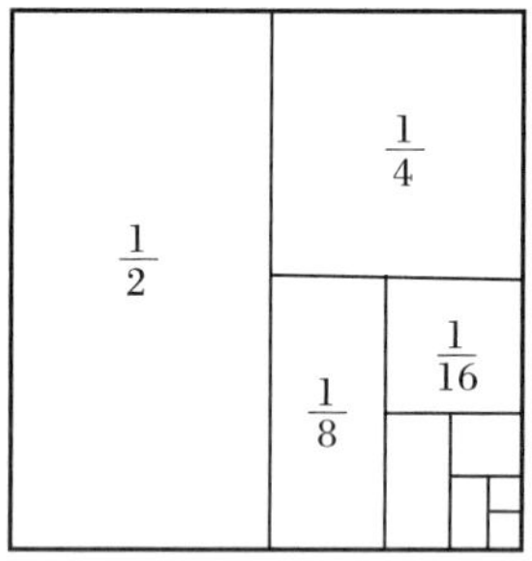

图 5-5　$\frac{1}{2}+\frac{1}{4}+\frac{1}{8}+\frac{1}{16}+\cdots=1$

前面我们说的“可能性为 0”，在现代科学中是用“测度”的概念来叙述的. 什么叫测度？假如有一堆数，它们在数轴上占的长度合起来等于 μ，我们就说这堆数的测度等于 μ. 也就是说，如果数的一个集合 S 在数轴上占的长度为 μ，就说集合 S 的测度等于 μ.

例如，区间[0,1] 的长度是 1，所以 0 和 1 之间所有的数的全体的测度是 1. 又如当 $b>a$ 时，区间$[a,b]$ 的长度是 $b-a$，所以区间$[a,b]$ 的测度是 $b-a$. 对于这些区间来说，测度的说法就相当于过去的长度的说法.

假如一个集合（图 5-6），由[-3,0]，[1,1.3]，[2,2.03]，[3,3.003]，[4,4.0003]，… 这样一串区间组成. 这些区间的长度分别是 3，0.3，0.03，0.003，0.0003，…，所以整个集合的总的长度是

$$3+0.3+0.03+0.003+0.0003+\cdots=\frac{10}{3}$$

这样，就知道这个由无数段小区间组成的集合的测度是$\frac{10}{3}$.

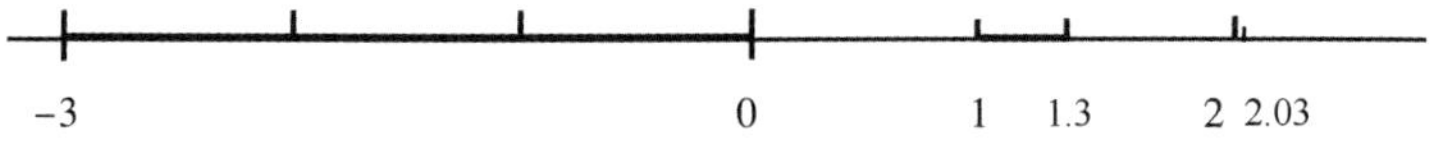

图 5-6　测度（总长度）为$\frac{10}{3}$的集合

现在我们要证明一件令人颇感意外的事：所有有理数放在一起组成一个集合，其测度等于 0！

有理数何止千千万万！想不到它们合在一起所占据的长度竟然等于 0. 真是不可思议. 但这却是事实，下面我们就来证明.

我们在第一章讲过，所有有理数放在一起，构成一个“可数的”集合. 这就是说，有理数可以排出号码次序

$$a_1, a_2, a_3, a_4, \cdots$$

a_1 只是一个点，我们可以用一个长度是$\frac{1}{2}$的区间 I_1 把它盖住. a_2 也只是一个点，就用一个长度是$\frac{1}{4}$的区间 I_2 把它盖住. 同样，a_3 用长度$\frac{1}{8}$的区间 I_3 盖住，a_4 用长度$\frac{1}{16}$的区间 I_4 盖住，…. 这样一来，有理数的集合就被一串区间

$$I_1, I_2, I_3, I_4, \cdots$$

盖住了. 所以，有理数集合的测度不会超过这些区间长度的总和，但这些区间长度的总和是

$$\frac{1}{2}+\frac{1}{4}+\frac{1}{8}+\frac{1}{16}+\cdots=1$$

这就证明了有理数集合的测度不超过 1.

但我们可以用一串更小的区间把有理数的集合盖住，从而证明有理数集合的测度不超过更小的数. 比方说，想证明有理数集合的测度不超过$\frac{1}{100}$，就用长度为$\frac{1}{2}\times\frac{1}{100}$的区间 J_1 盖住 a_1，用长度为$\frac{1}{4}\times\frac{1}{100}$的区间 J_2 盖住 a_2，用长度为$\frac{1}{8}\times\frac{1}{100}$的区间 J_3 盖住 a_3，用长度为$\frac{1}{16}\times\frac{1}{100}$的区间 J_4 盖住 a_4，…，这样就证明了有理数集合的测度不超过 $J_1, J_2, J_3, J_4, \cdots$ 这些区间的长度的总和，即不超过

$$\begin{aligned}&\frac{1}{2}\times\frac{1}{100}+\frac{1}{4}\times\frac{1}{100}+\frac{1}{8}\times\frac{1}{100}+\frac{1}{16}\times\frac{1}{100}+\cdots\\&=\frac{1}{100}\times\left(\frac{1}{2}+\frac{1}{4}+\frac{1}{8}+\frac{1}{16}+\cdots\right)\\&=\frac{1}{100}\end{aligned}$$

用同样的办法可以证明有理数集合的测度不超过万分之一，亿分之一，万亿分之一…… 所以，所有有理数合在一起，在数轴上所占的测度是 0.

由此可见，数轴上点的集合的测度的概念，是从长度的概念引申来的. 对于像区间那样形状规则的点集，我们可以量它的长度作为测度. 对于像有理数的集合那样形状复杂的点集，就需要想办法去算它的测度. 算测度的方法，不像普通加减乘除那么直截了当. 像刚才算有理数的集合的测度 μ，我们用长度总和等于 1 的一串区间把它的点都盖住，说明 $\mu < 1$；用长度总和等于 $\frac{1}{100}$ 的一串区间把它的点都盖住，说明 $\mu < \frac{1}{100}$…… 这里实际上不是平常的计算，而是运用一个计算的过程说明 μ 比 1 小，比 $\frac{1}{100}$ 小，比 $\frac{1}{10000}$ 小 …… 所以 $\mu = 0$. 有些点的集合，比有理数的集合还复杂得多，计算就更困难了.

但是，读者不必往更复杂的地方去想. 如果通过上面的阐述和例子，知道测度是从长度延伸而来的，知道测度等于 0 是怎么回事，就达到我们的要求了.

测度既然是从长度延伸过来的概念，所以测度和概率有极其密切的关系，测度论与概率论有极其密切的关系. 例如，利用测度的概念我们可以证明，当你闭起眼睛用一把锋利的（没有厚度的）刀向[0,1] 区间砍去的时候，砍中有理数的概率等于 0.

为什么?所谓概率，就是可能性. 首先不讲有理数的集合那么复杂的情况，先看看将[0,1] 区间等分成 A，B，C 三个长度各为 $\frac{1}{3}$ 的小区间的情况. 闭起眼睛向[0,1] 区间砍去，问砍中区间 C 的概率是多少，你一定回答是 $\frac{1}{3}$. 因为 C 的长度是整个[0,1] 区间长度的 $\frac{1}{3}$，所以按照“机会均等”的道理，砍中 C 的概率是 $\frac{1}{3}/1 = \frac{1}{3}$. 如果在[0,1] 区间中画出长度等于 0.0314 这么一个小区间 D（图 5-7），闭起眼睛向区间[0,1] 砍去时，问砍中小区间 D 的概率是多少，你也一定回答是 0.0314，道理是一样的.

图 5-7　命中区间 C 的概率是 1/3,命中区间 D 的概率是 0.0314

既然概率是按长度之比来计算的,如果考察砍中一个复杂的点集的概率,普通量出来的长度现在不适用了,很自然就应当用测度来代替长度.因此,有理数的集合的测度等于 0,砍[0,1]区间时砍中有理数的可能性就的确等于 0.这种可能性等于 0 的事件,叫作零概率事件.

明白了测度是怎么回事,又知道了数轴上有理数集合的测度为 0,那么[0,1]区间中全部无理数组成的集合的测度是 1 就很容易算出来了.其实,[0,1]区间上的数,不是有理数,就是无理数.有理数占据的"长度"等于 0,所以无理数占据的"长度"必须等于 1.现在问,闭起眼睛砍[0,1]区间,砍中无理数的概率是多少,你马上会回答是 1,即可能性是百分之百.这种可能性百分之百的事件,叫作满概率事件.或者我们说,发生这种事件的概率等于 1.

闭起眼睛向[0,1]区间砍去,砍中无理数的概率是 1.这也就是说,随便从[0,1]区间中挑选一个数,选中无理数的可能性是百分之一百.这使我们产生一种很自然的说法:[0,1]区间中几乎每一点都是无理数.

几乎每一点都如何如何,并不等于每一点一定如何如何,而是说不满足条件的点合起来所占的比重也只等于 0.再通俗一点说,几乎每一点都"好",就是说"不好"的点合在一起组成一个集合,其测度也只等于 0.在上一节介绍的萨德定理说:对于 S 上几乎每一点 y 来说,y 的原象集 $g^{-1}(y)$ 中的任意点 x 都使 g 的雅可比矩阵满秩.满秩,就保证算法成功,所以是"好"的.所以萨德定理其实保证了:球体 B 的边界 S 上几乎每一点 y 都是好的,所以从几乎每一点 y 开始计算,都可以找到需要的不动点;因此,凯洛格、李天岩和约克的不动点算法的成功概率等于 1.

最后,顺便说说在第一章的有一个想法是需要澄清的.在第 1.5 节描述了读者可能产生的一种想法:"许多周期不同的点密密麻麻地安排在[0,1]区间里,很可能就会错综复杂地间插在一起,在一个 3 周期点旁边一点点,说不定就会有大周期点.""在不动点0.6 旁边一点点,很可能有周期超过 10 万或超过百亿的点."那里说的"很可能"和"说不定",只是一种很自然的很粗糙的想法.如果这种想法在帮助我们初步体会周期 3 的麻烦时确实起过启发的作用的话,那么现在学了测度的概念以后,读者知道那些想法是不准确的.停留在"很可能"或"说不定"的水平还可以,但并不是肯定性的结论.因为在一个混沌的系统里,周期不同的周期点确实许许多多,比天文数字还大,但还是有可能组成测度为 0 的集合,所占的比重可能还是等于 0.所以,第 1.5 节最后的想法只是自然的朴素的但同时也相当粗糙的想法.要了解混沌的准确含义,还是应当花点力气把第一章第 1.6 节读完.

5.4 富有色彩的斯梅尔教授

在当代数学和数理经济学发展史上,美国伯克利加州大学数学系和经济学系的斯梅尔教授是一个很有色彩的角色.斯梅尔教授在学术上不但造诣很深,而且特别对新兴学科、边缘学科倾注关心.他才思敏捷,反应奇快.当一些地方还在为纯粹数学和应用数学孰轻孰重、谁先谁后这样的争论空耗口舌的时候,他却已经在好几个领域纵横驰骋,硕果累累了.

斯梅尔教授原来攻读纯粹数学,专攻微分拓扑.1966 年,他因为部分地解决了拓扑学中一个十分困难的问题 —— 庞加莱(Poincaré)猜想,荣获菲尔兹奖.这是国际数学界的最高荣誉,相当于别的学科的诺贝尔奖.20 世纪 70 年代前后,他和其他学者一起,为至今兴旺不衰的动力系统理论奠定了基础,他提出的"斯梅尔马蹄"一直为人乐道.动力系统理论与混沌理论的关系非常密切,就像物理学与电子技术的关系一样.在混沌理论方面,本书主要介绍了与区间迭代有关的现象、理论、成果、发现.这个区间迭代,就是一种动力系统.所以,斯梅尔的研究工作,与混沌理论是联系在一起的.

但是,我们在这里却要着重介绍斯梅尔教授在数理经济学方面的建树.传统上说,纯粹数学与应用数学有时是界线分明的.有些纯粹数学家孤芳自赏,标榜纯粹数学才是人类思维世界的仙境,不屑于应用数学.有些应用数学家则认为纯粹数学中有一些内容是思维游戏,解决不了实际应用问题，他们尖刻地讽刺道，如果不是社会供养着这么一批思维怪杰，他们自己一天也养不活自己. 纯粹数学与应用数学的距离尚且不小，纯粹数学与数理经济学的隔阂就更大了. 在纯粹数学领域摘取了最高奖菲尔兹奖桂冠的学者，居然涉足数理经济学，确是一件有趣的和富有启发性的事.

斯梅尔在学术上能纵横驰骋，多处开花，与他的性格是分不开的. 斯梅尔是这样一个人，虽然已经在学术上取得称得上世界最高的地位，但他仍被他的好友称为学术上的“顽童”. 这种不“安分守己”的顽童本性，时时在他身上表露出来. 1983 年春天，他邀请中国一位学者到伯克利加州大学数学系作学术报告. 在办公室的交谈中，他除了介绍自己的工作和询问客人的见解以外，兴致最高的事却是向客人赠送和介绍自传式的花絮作品《在莫斯科大学的台阶上》的打字稿. 在这篇作品中，斯梅尔津津乐道地回忆 1966 年在巴黎与数学家、蝴蝶收藏家施瓦茨(L. Schwartz) 的会面，回忆他在雅典机场被警察阻滞不许出境(因为他开着小汽车进入希腊却不想把它带到莫斯科，被怀疑是私下卖给了希腊居民) 的故事，详细描写了他 1966 年在莫斯科大学召开的国际数学家大会上领取菲尔兹奖前后的顽童式的社会活动. 他是一位激进的越战反对者，在国内的一些活动已经引起中央情报局的注意. 在莫斯科，他作为越战反对者受到苏联方面和越南大使馆的特别礼遇，想不到他却对主人大加批评. 有一小段时间他失踪了，朋友们担心他是否被苏联保安机关扣留，美国大使馆也已经开始与苏联方面交涉. 但事后，他却若无其事地又去参加了另一次聚会. 作品的第一节是这样的：

在莫斯科大学的台阶上

1966 年 8 月 27 日星期六的《纽约时报》，在头版刊登了这样一条新闻：

莫斯科对一位数学家

的批评保持沉默

[《纽约时报》莫斯科 8 月 26 日专稿，记者安德森]

加州大学的一位数学教授今天被带到一部车子

上沿着莫斯科的街道做了一次风驰电掣般的日程外的旅行. 在被盘问以后，他被释放了. 事情的起因是他在一次非正式的新闻发布会上既批评了美国，也批评了苏联.

斯梅尔教授在莫斯科大学的台阶上发表的演说说……

斯梅尔教授的这篇作品，后来就发表在著名的学术机构斯普林格出版社在美国出版的《数学花絮》杂志1984年的第6卷第2期上. 这篇长达两万字的作品，非数学非学术的内容占了95%以上. 其实，在莫斯科逗留的短短几天里，他曾经向苏联同行们提出好几个深刻的猜测，这些猜测后来很快就被苏联数学家都证实了. 这样重要的学术活动，在他的那篇作品里却没有顾得上.

也许，青年时代的足迹特别值得回忆，哪怕带上一点罗曼蒂克的色彩. 但是谁要因此认为斯梅尔是位花花公子，那就错了. 斯梅尔教授不是一位躺在过去的荣誉上吃老本的人. 进入20世纪80年代以来，他又发表了一系列重要的学术论文，在纯粹数学、应用数学、计算机科学、数理经济学等领域都有很大成就，贡献了开创性的思想. 大家知道，四年一度的国际数学家大会除了向两三位学者颁发菲尔兹奖以外，还邀请十几位世界最高水平的数学家作1小时规格的报告，邀请几十位优秀的数学家作45分钟规格的报告，还有许多15分钟规格的报告. 在1986年的国际数学家大会上，就邀请斯梅尔教授就“计算复杂性理论”作了1小时规格的报告. 另外，斯梅尔教授给研究生开的课程总是吸引许多听众，其中不少是从外校甚至外国来听课和讨论的教授. 兴趣广泛，才思敏捷，是斯梅尔的特点. 加上基础扎实的根底，所以他在研究生课程上讲出来的想法，往往会在纯粹数学界和应用数学界激起一阵学术上的冲击波，引导青年学生和青年学者取得许多新的科研成果.

这样一位富于色彩的学者当然也难免受到一些议论. 有一些数学家在数学王国里探寻追求多年，饱尝了孤独的苦恼，也体会过十年寒窗一旦摘取智慧之果时的巨大满足. 这一切结晶在一起，他们不由自主地把纯粹数学看作科学中的科学，崇尚越抽象越好. 他们当中多数人即使在纯粹数学方面也未曾取得过像斯梅尔那么巨大的成就.当他们还唯纯粹数学独尊时,斯梅尔却已涉足应用数学和数理经济学并取得一系列开创性的成果,这的确使那些人感觉茫然.但是不管怎么说,学术界有一项参考价值很高的软指标,那就是看哪一位学者的论著被其他学者引用的次数最多.统计表明,即使在20世纪80年代,斯梅尔教授仍然是数学方面论文"被引用率"最高的学者.这个事实,值得许多人加以思考.

苏联著名数学家阿尔诺德(V. I. Arnol'd)曾两次应邀在国际数学家大会上作1小时报告,他的许多著作被译成英文和其他文字.他同意爱因斯坦的话:现代教学方法没有完全扼杀神圣的好奇心,就已经可称奇迹.他推崇他的导师柯尔莫廓罗夫(A. N. Kolmogorov)除了激励以外,给学生许多自由.在一篇访问记中,他曾对数学论著的刻板风格提出过尖锐的批评.他说:

> "对于我来说,要读当代数学家的著述,几乎是不可能的.因为他们不说'彼嘉洗了手',而是写道:'存在一个 $t_1<0$,使得 t_1 在自然映射 $t_1\to$ 彼嘉(t_1) 之下的象属于脏手的集合,并且存在一个 t_2,$t_1<t_2\leqslant 0$,使得 t_2 的象属于脏手的集合的补集'.不过,有几位数学家——比方说米尔诺和斯梅尔——所写的文章,是仅有的不这样故弄玄虚的例子."

是的,斯梅尔平易的写作风格,也独树一帜.

5.5　经济学与计算方法

大家记得,1983年冬天德布鲁教授所做的诺贝尔奖讲演中曾经说道:

> 如果均衡是唯一的,并且保证唯一性的条件已经得到满足,则由经济模型给出的均衡的解释是完备的.然而,在20世纪60年代后期才搞清楚的是,整体唯一性的要求太高了,局部唯一性也足以使人满意.正如我在1970年所做的那样,可以证明,在适当的条件下,在所有经济的集合中,没有符合局部唯

> 一性的均衡的经济的集合是可以忽略不计的. 这段话的确切含义和证明方法可以在萨德定理中找到，这个定理是斯梅尔在1968年的交谈中介绍给我的. 最后[1969年]，我在新西兰南岛的米尔福德海湾把问题全部解决了.

从德布鲁的诺贝尔奖讲演中可以看出，正是斯梅尔教授的主意，帮助德布鲁教授最后解决了经济均衡的存在性的问题. 数理经济学面对的问题是相当复杂的. 经过研究，德布鲁教授发现，整体唯一性要求太高了，是不现实的. 后来，他提出了局部唯一性，证明只要符合局部唯一性，就可以肯定经济均衡的存在. 剩下一个问题就是，不符合局部唯一性的时候怎么办?

如果局部唯一性也不符合，这样的经济系统就比较麻烦，很难进行研究. 一句话，就是得不到经济均衡肯定存在的结论. 怎么办?这个问题困扰了德布鲁教授好长时间. 1968年，斯梅尔教授在交谈中告诉德布鲁教授，数学中有一个萨德定理，采用非正式的语言来说的话，这个定理告诉人们，在一定的条件下，“好”的点是基本的，几乎每一点都是“好”的，“不好”的点的集合的测度为0，遇上“不好”的点的可能性等于0. 这个定理在数学上取得很大成功(例如我们在本章第二节讲凯洛格、李天岩和约克的算法时，最后就是用萨德定理证明了球体B的边界S上几乎每一点都是“好”的，所以闭起眼睛在S上随便选一个点y开始沿曲线$g^{-1}(y)$走，选中“好”的y的概率是1，所以走到f的不动点的概率是1，从而说明凯洛格、李天岩和约克的算法的成功的可能性是百分之百)，在数理经济学上能否一试身手呢?

斯梅尔的谈话给了德布鲁很大启发. 当然不能笼统地说“好”和“坏”，不能笼统地说几乎每一点都是“好”的. 要仔细把问题里什么是“好”，什么是“不好”搞清楚，提出相应的条件. 经过整整一年的钻研，德布鲁教授终于明确地指出经济系统的“好”和“不好”在数学上是什么意思，满足局部唯一性和不满足局部唯一性在数学上是什么意思，最后用萨德定理证明了，不满足局部唯一性的“不好”的经济系统在所有经济系统中所占的份额等于0. 这样的“不好”的经济系统虽然也可能遇到，但遇到的可能性等于0，所以确实是可以忽略不计的. 既然德布鲁已经证明对于满足局部唯一性的“好”的经济系统来说经济均衡肯定是存在的,而我们遇到“不好”的经济系统的可能性又等于0,这不是很有力地说明了德布鲁教授关于经济均衡的存在性理论的价值了吗?在这个意义上可以说,正是斯梅尔介绍的萨德定理,使德布鲁的成就得以确立.

1983年10月17日得到德布鲁教授赢得诺贝尔经济学奖的消息后,斯梅尔教授写了一篇《德布鲁赢得诺贝尔桂冠》的文章.斯梅尔说:

> 我是在办公室里接到妻子克拉拉打来的电话时知道这个消息的.虽然早就预料有这么一天,但听到这个消息时我还是非常兴奋.这一天终于来了.
>
> 自从15年前相识以来,格拉德(德布鲁的名字)和我一直是好朋友.我至今清楚地记得我们第一次见面的情景:他到我办公室来询问他的研究工作中需要的数学,那时他想阐明一个一般经济只能有有限个均衡点.我发现德布鲁为人很好,我们可以很轻松地谈论数学和经济学.他作为一个数学家的修养,他的思想的明确性和严密性,给我留下了深刻的印象.
>
> 他的提问也是我自己研究经济理论的开始.在随后的年月里,我们有许多时间一起讨论.我们一起在山林中的徒步旅行尤其值得怀念.我们互相提问,他问的比较数学化,我对经济学很感兴趣.最后,格拉德到我们数学系兼职,我到他们经济学系兼职.

斯梅尔指出,德布鲁的主要贡献就是论证了亚当·斯密《国富论》中关于“看不见的手”的见解.斯梅尔引用了萨缪尔森(1970年诺贝尔经济学奖得主)在其名著《经济学》中以纽约市为例说明“看不见的手”的作用的一段话:

> 要是商品不是稳定地流入和流出这个城市,纽约在一周之内就会濒临饥饿的边缘.单是食品就需要许多品种和很大的数量.从周围的国家,从全国

> 50个州，从地球上最远的角落，许多商品运到纽约这个目的地.
>
> 纽约市的1200万居民为什么能够安稳地睡觉，不必担心城市赖以生存的复杂的经济过程会一朝崩溃?请注意，全部经济过程都是在没有强制和没有人对全局发号施令的情况下进行的.

斯梅尔总结道，这都是“看不见的手”在起作用的缘故.是价格体系以某种方式向这个高度分散的经济系统发号施令.理解市场机制的关键，就是供求关系.

但是，这篇祝贺德布鲁获奖的文章，绝不是应景的捧场工作.文章精辟地介绍德布鲁的工作，给予高度评价，同时也有作者从自己视角出发的深刻的分析：

> “这并不意味着均衡理论就该是社会的模式.首先，它假设没有垄断，但是在一个分散化的经济系统中，垄断总是要产生.其次还有不公平.阿罗和德布鲁证明了，当处于均衡配置时，没有人可以不损害别人就使自己更加受益.然而，理论本身却未排除社会产品的不公平分配.因此，政府对分散化的价格体系的有力调控，仍然需要.”
>
> “特别重要的是，在阿罗-德布鲁的理论中，时间的进程没有得到充分的考虑.由于缺乏动力学的观点，他们的理论还不能很好地说明为什么价格体系要向均衡状态调整，为什么会停留在均衡状态.再一个相关的弱点是，他们的模式对经济主体人的行为理性化提出了不切实际的要求.要知道，即使配备了最新式的计算机，消费者和生产者也不可能做出该模式所要求的高度理性的决策.”
>
> “尽管后面还有许多诱人的挑战，现在毕竟已经有了一个良好的框架.这就是两个世纪以来经济学家奠下的基础，其中特别要提及斯密、瓦尔拉斯沃德、阿罗和德布鲁.”

斯梅尔对"看不见的手"的理解是深刻的.在和德布鲁教授的交谈中,他们相得益彰.斯梅尔的背景是一个数学家.经济均衡点、经济均衡价格就是数学上的不动点.多少年来,数学家没有解决不动点的计算问题,反而是经济学家第一个发明了计算不动点的方法.这件事是发人深省的.斯梅尔当然知道不动点能算出来了这个事实在数学上意味着什么.当斯卡夫为凯洛格、李天岩和约克的算法欢呼的时候,斯梅尔对数理经济学的研究也开始结晶.他把握住数理经济学一些重要论题的脉搏,从1976年开始,在《数理经济学杂志》等刊物上以经济均衡和价格调整为背景发表了一系列论文.

斯梅尔认为,价格调整过程就是一种迭代过程.凡是迭代,都可以纳入他和同行们创立的动力系统理论的框架.既然谈及迭代,就是计算方法问题.斯梅尔的一篇论文的题目是《价格调整过程的收敛性和整体牛顿方法》,这个题目很好地概括了他在数理经济学方面的成就和连续同伦计算方法方面的贡献.由于斯梅尔在数理经济学方面的见解和成就,阿罗等人近年主编的三大卷《数理经济学手册》特邀斯梅尔撰写了题为《大范围分析与经济学》的一章,各部分的标题依次如下:

(1) 经济均衡的存在性

(2) 纯交换经济

(3) 帕累托最优

(4) 福利经济学基本定理

(5) 均衡点的有限性和稳定性

斯梅尔为了计算不动点而发展起来的整体牛顿方法,则因一改牛顿方法只能局部有效的弱点,成为计算数学近年来最重要的发展之一.

5.6 经济效益最大的数学方法

要问20世纪最伟大的物理学家是谁,人们一定回答是爱因斯坦.如果换一个问题,问20世纪最伟大的数学家,有些人就不知道怎么回答.但是,能够回答这个问题的人多半会告诉你,20世纪最伟大的数学家是美籍匈牙利学者冯·诺依曼(1903—1957).他在对策论、数理经济学、量子理论、遍历理论、算子理论、线性规划、连续群论、数理逻辑、概率论都等领域有卓越的贡献，更是现代计算机理论的奠基人. 读者应该记得，在德布鲁教授的诺贝尔奖讲演中，已经谈到了冯·诺依曼在数理经济学方面的地位.

要问20世纪发明的最重要的数学方法是什么，许多应用数学家或大银行、大石油公司的技术部门会说，那是求解线性规划问题的单纯形算法. 当然，也有人持不同的意见，有些纯粹数学家甚至不知道什么是单纯形方法. 但是如果我们换一个问题，问什么是经济效益最大的数学方法，答案就不取决于科学家个人的喜好偏向了. 统计资料表明，在大银行、大公司、大油田，线性规划问题的单纯形算法带来的经济效益最大. 美国加州理工学院（美国最好的大学之一，中国周培源教授、钱学森教授早年都是在那里取得博士学位的）教授富兰克林（J. Franklin）为著名的斯普林格出版社著写的大学教材《数理经济学方法》一书的第一节，讲了这样一个例子：纽约的一个大公司在20世纪50年代花费数百万美元建立了一个新的计算中心. 中心落成以后，这个石油公司在两个星期之内就赚回了建设新的计算中心的全部投资. 这几百万美元的投资是怎么赚回来的，就是靠计算中心用新的大型电子计算机解决石油公司销运方案的线性规划问题赚回来的. 线性规划，是一种用最小的代价获取最大的效益的方法. 应用线性规划，人们能够对生产和运销做出最优决策，所以给公司带来巨大收益. 这个公司的这种决策过去是由一位经营副总经理凭经验做出的，有时就不很恰当. 银行也是这样，往哪里投资最值得，每个方面投资多少最合适，都可以写成一个线性规划问题. 线性规划问题怎么求得解答？最有效的方法就是单纯形方法. 30多年来，许多银行、石油公司和别的企业都由于搞线性规划发了财.

用单纯形算法来求解线性规划问题，实际效果非常好，很快就可以算出答案来. 实际效果好，这是偶然的呢，还是必然的结果？是因为碰上好运气而效果好呢，还是因为单纯形算法确实很好？所以，数学家不得不考虑这个理论问题.

首先要清楚，什么叫作好，什么叫作不好. 因为单纯形算法是用来解决线性规划的实际问题的，算法好不好，就要看它的计算效率高不高,能不能快一些把答案算出来.同一个问题,用甲算法要算两小时,用乙算法只要10分钟就得到了答案,当然乙算法比甲算法好.

但是,快慢要看问题的大小.科学和生产越发展,人类面临的线性规划问题就越大.原来包含几百个方程的线性规划问题就算很大了,现在却经常遇到包含几千个几万个方程的线性规划问题.很明显,问题的规模越大,解决问题的计算成本一般也越高.经过研究,科学家对算法的好坏制定了这样的标准:设问题的规模(方程的多少和未知数的多少)是V,所需要的计算时间是T.如果T和V^n成正比,算法就算好的,而且n越小,算法越好.当$n=1$时,$T=kV$,就最好,这时计算成本与问题大小成正比关系,也说计算成本随问题大小**线性增长**.所以,线性增长型的算法,是最好的算法.如果T和2^V成正比,算法就算坏的,因为当V变得100,1000那么大时,2^V就变得非常大,成本也就极高.在2^V中,V是指数,所以这样的算法叫作**指数增长**型算法.下面我们说的坏的算法,都指这种指数增长型算法.

拿这个标准来看,单纯形算法究竟好不好呢?经过多年的实际应用,单纯形算法一直用得很好,总是很快就能把答案算出来.所以单纯形算法的发明者丹齐格(G. Dantzig)说,单纯形算法**看来**是一种线性增长型算法,也就是说看来是一种最好的算法.不过,丹齐格的见解只是一种直觉,并没有经过论证.

1972年,克利(V. Klee)和明蒂(G. Minty)在一篇论文中人为地设计了一些线性规划问题,证明对于这些人为的线性规划问题来说,单纯形算法是指数增长型的坏算法.这真是从理论上给了大受应用界欢迎的单纯形算法致命的一击.于是,科学家又转而寻找新的算法.到1978年,苏联数学家哈奇扬(L. Khachian)证明了,对于线性规划问题的另一种解法——椭球算法来说,T是与V^n成正比的,所以是比较好的.这样的算法称作**多项式增长**型算法.正是在单纯形算法在理论上受到致命一击的背景下,哈奇扬的这项数学发现引起社会的强烈关注,因为这关系产生巨大经济效益的线性规划问题.当年的《纽约时报》破天荒地在头版刊登了关于哈奇扬的数学发现的消息.

但是,在实际应用中,根本没有人使用椭球算法(后来经过改进,也极少使用).道理很简单,千千万万个实际应用中出现的线性规划问题都是用单纯形算法来算最快,哈奇扬研究的椭球算法只有在克利和明蒂人为编造的线性规划问题上算得比单纯形算法快.

这样一来,理论和实践之间就出现了巨大的鸿沟.理论说椭球算法好,实践却钟爱单纯形算法.

理论与实践有一定距离的情形是常见的,但是理论与实践各执决然相反的结论的情形却颇为罕见.斯梅尔教授觉得,这里面肯定有问题.也许是断定几乎每个点都好的萨德定理给了他启发吧,斯梅尔教授想,虽然人们可以造一些线性规划问题来说明单纯形算法不好,为什么这类线性规划问题在银行、油田、公司、企业的千千万万次的实际应用中从来没有遇到过?那些人造的坏的情况,是不是出现的可能性等于0的零概率事件?如果确是这样,就应该用萨德定理把那些零概率事件抛掉.当初,德布鲁教授在数理经济学的一般经济均衡理论中就是这样获得最后成功的.

但是这次不一样.经过深入研究,斯梅尔教授发现,那些坏的情况并不是出现的可能性等于0的零测度事件,而是出现的可能性很小的小测度事件或**小概率事件**.这种小概率事件出现的可能性虽然不等于0,但还是很小,极少出现.理论应当指导实践,理论应当支持实践.斯梅尔教授把这些坏的小概率事件研究清楚,暂时不顾它们,对于实践中遇到的各种情形,证明了单纯形算法确是线性增长型的最好的算法.这样,斯梅尔就对经济效益最大的数学方法在理论上进行了论证.单纯形方法的发明者丹齐格感到庆幸,自己的直觉毕竟是有根据的.广大应用线性规划理论的部门也松了一口气,单纯形算法毕竟是优越的.

斯梅尔的研究,在数学内部也产生深远的影响.数学家传统上习惯于考虑最坏的情形,如果一种东西在最坏的情形是坏的,就从此被否定,哪怕这种东西在绝大多数情形是很好的.从斯梅尔开始,数学家开始从平均情形来研究一样东西,看这样东西“平均说来”好不好;或者从大概率情形来研究一样东西,看这样东西在多数情形是好是坏.这是观念上的一种变革.

由于线性规划问题会带来如此巨大的经济效益,新方法的研究仍在继续进行.1984 年,美国贝尔实验室的印度数学家卡马卡

(Kamarkar) 发明了一种新的算法. 卡马卡算法当然比椭球算法好,但与单纯形算法相比,则各有优点. 这个比较,看来还要在实践中和理论上进行下去. 由于卡马卡的这一贡献,1986 年的四年一度的国际数学家大会也邀请卡马卡作了规格最高的 2 小时报告.

国际数学家大会传统上是纯粹数学的盛会,现在却开始给应用数学的重要工作以崇高的评价. 这个变化,确实耐人寻味.

六 结 语

本书环绕混沌理论和经济均衡理论计算方法，着重介绍了李天岩、约克、梅、菲根鲍姆、斯卡夫、斯梅尔等学者近年来在科学上所做的贡献. 与一些读者头脑里的老夫子、老学究的形象不同，这些学者全都是极富个性的人物. 他们的共同特点是基础深厚，兴趣广泛，对新发展富有远见. 他们不是死守一块阵地，而是为开拓不惜改弦更张. 一旦认准了目标，他们锲而不舍，务克全功，决不半途而废. 这一切，都是科研工作者的可贵品格，都是新科学、新时代探索者的可贵品格.

如果说有什么具体的共同因素对他们的成功起了重要作用的话，那就是他们都善于运用数学去为自己的成功铺路. 李天岩、约克、斯梅尔，他们本来就是数学家，他们对混沌理论和均衡理论计算方法的贡献，主要也在数学方面. 罗伯特·梅原来搞理论物理，数学基础很好，曾两次在哈佛大学应用数学系任教. 他毅然改行成为普林斯顿大学生物系教授以后，又同时兼任普林斯顿大学数学系教授. 菲根鲍姆的出身是基本粒子物理学博士，但他完全是在与区间迭代打交道、与千千万万数字打交道时发现菲根鲍姆普适常数的. 数学方法加上电子计算机技术，已经成为当代许多重要发明和发现的先导.

美国大学之间一年一度会进行质量评估，本书所提到的普林斯顿大学、哈佛大学、麻省理工学院、伯克利加州大学、斯坦福大学、加州理工学院，以及康奈尔大学、马里兰大学等，都是经常名列前茅的大学. 以 1982 年的评估为例，伯克利第一，斯坦福第二. 过了两年又对换过来. 大学之间还就各个学科进行单项评估，例如普林斯顿大学数学系，一直被评为全美最高水平的数学系. 本书主要人物之一的斯卡夫，就是从普林斯顿大学数学系取得数学方面的博士学位以后，专心研究经济理论，成为经济系教授的.斯卡夫后来在经济均衡的计算方法方面做出突破性贡献，反过来对数学本身的发展产生很大的影响.至今，普林斯顿大学数学系的教授们，还以他们“改行”经济学的这位弟子的成就为荣.其实，这也不算什么改行.在美国学术界，一些最活跃的学者往往是跨越两个领域的.经济学诺贝尔奖获得者德布鲁教授，就同时是伯克利加州大学经济学系和数学系的教授，菲尔兹奖获得者斯梅尔教授，也同时是伯克利加州大学数学系和经济学系的教授.这种情形，这种制度，对学术发展，促进科学繁荣，是有很大的作用的.

学术交流频繁，学术信息灵通，是他们成功的又一重要因素.读者在阅读本书时想必已有体会.李天岩、约克、梅、菲根鲍姆、斯卡夫、斯梅尔这些学者在当代科学研究前沿的勇敢的和有声有色的成功探索，可以给我们许多有益的启示.

重印后记

拙著《混沌与均衡纵横谈》出版以来，谬承读者和师长雅爱，或当面，或来信，给我们以亲切的鼓励.

中国科学院的一位院士在收到这本书的两个小时以后，就给我们写信，说一口气马上就读了 50 页，夸奖“此书写得很好”，希望再有这样的著作.

中国新学科研究会的一位负责人在来信中写道:“近日拜读大作《混沌与均衡纵横谈》，得益匪浅.以前也有过介绍混沌的文章，但远未及大作通俗与详尽.中国极缺乏如梅教授那样的现代科普大家……大作之出现，使我感到兴奋.我已购买数十本，寄予我会各地骨干.”

中国医学科学院一位先生在来信中说，“看完您的大作，我首先应该做的事，就是给你写一封感谢信，感谢您给我们介绍了如此奇妙的大自然新理论.自从接触了混沌、分形、吸引子……之后，我就像着了魔似的，对它们发生了兴趣，然而一直苦于无这方面的书.昨天偶然在一个小书店发现了仅剩几本的您的大作，如获至宝，一口气就读了下去.……”湖北的一位高级工程师特别指出，“大作对教会青年学子学习和科研方法方面均为别的著作所不及”，并且颇富感情色彩地补充说，“大作在为我上大学的爱女所推崇”.

武汉的一位大学物理教师说，“前不久，我在省图书馆里，意外地看到了您写的《混沌与均衡纵横谈》，真让我喜出望外.起初，我以为这是一本一般性介绍的书.但是，读着读着，就被书中的内容深深地吸引住了.可惜，书不能借出来，我只好每天跑到图书馆里，仔细研读，边读边记.……您写得太好了！太生动了！非常脍炙人口！那么深奥的问题，经您的手，竟变得如此通俗易懂.……此书能帮我深入理解混沌这个新问题，更重要的是，您那广博的知识和引人入胜的科学家小故事，给人十分有益的启迪”.

更多的信来自在学的研究生. 一位以混沌为主要研究方向的自然辩证法研究生说，“我开始接触混沌理论时，深深地被它吸引住了，同时，也深感障碍重重. 有幸得到您的那本深入浅出、妙趣横生的书，让我很轻松地学到了很多东西. 在您的笔下，深奥的理论变得易懂，神秘的面纱被揭开了. 我增强了信心，沿着这条路继续往前走. …… 书中所列的梅教授的那些文章标题，让我耳目一新，大开眼界”，台北台湾大学的一位研究生在来信中说，“日前拜读您与王则柯先生的大著《混沌与均衡纵横谈》，对于内容非常欣赏，让我能有不少研究灵感”.

的确，青年学子的喜爱，对我们是最大的鼓励. 郑州大学一位副校长告诉我们，郑大中文系有一群学生，就我们的书开过几次讨论会. 华南理工大学和别的学校的一些博士研究生导师，把我们的书作为博士研究生入学的第一本必读著作. 在北美大陆攻读学位的一些中国学生，争相传阅本书的香港中华书局版本. …… 这一切，都给我们很大的鞭策和安慰.

理论固然重要，做学问的方法更值得体味. 这就是我们写作的动因. 我们不屑于请求褒奖，但是将永志读者和师长的爱护和鼓励.

作者，记于乙亥初夏

后　记

《混沌与均衡纵横谈》先后在中华书局(香港)和三联书店(北京)出版,已经接近十八年了,原来的出版合同也早已期满.本书自出版以来,得到师长、朋友和读者的许多鼓励.承蒙朱梧槚先生和刘新彦女士雅爱,该书现在在大连理工大学出版社重新出版.《混沌与均衡纵横谈》之成书,完全出于爱妻美灵的创意,可惜现在只能由我一个人来写这个后记了.提前退休以来,本来美灵的体能一直在改善,不料两年多以前,美灵突然发病住院,确诊以后接受了脑外科手术,但是在清醒过来几个小时以后,病情急遽恶化,很快就离开了我们.

当晚,我摸黑用圆珠笔歪歪扭扭地写下《永远的美灵》十二行,其中头八行是:

同学以来将近半个世纪,
你一直是我心目中美好和高贵的化身;
今天你走了,
我才知道缺失的我其实软弱得很.

如果我做好过什么,
那是因为你的切磋、支持和指引;
有时候我不那么得体,
要怪自己没有依循你的意思.

《混沌与均衡纵横谈》可以有两个层次的读者.高中程度的读者,可以从中具体了解混沌理论和经济均衡理论的生动篇章,大学生和研究生还可以进一步体会怎样是成功的博士生研究和博士后研究.

这也是美灵和我写作该书之初衷.

王则柯

2008年3月

人名中外文对照表

阿尔诺德/V. I. Arnol'd
阿莱士/M. Allais
阿罗/K. J. Arrow
艾奇沃斯/F. Y. Edgeworth
布尔巴基/N. Bourbaki
布劳威尔/Brouwer
戴维斯/F. Divisia
丹齐格/G. Dantzig
德布鲁/G. Debreu
德刻尔/E. Dierker
二阶堂副包/H. Nikaido
菲根鲍姆/M. Feigenbaum
富兰克林/J. Franklin
盖尔/D. Gale
哈奇扬/L. Khachian
赫伯特·斯卡夫/H. Scarf
赫希/M. Hirsch
基尔士/Gillies
卡拉瑟斯/P. Carruthers
卡马卡/Kamarkar
卡塞尔/G. Cassel
凯洛格/R. Kellogg
考诺特/A. Cournot
柯尔莫廓罗夫/A. N. Kolmogorov
柯普曼斯/T. Koopmans
克利/V. Klee
朗格/O. Lange
李天岩/T. Y. Li
里昂节夫/W. Leontief
罗伯特·梅/R. May
麦肯直/L. Mckenzie
明蒂/G. Minty
摩根斯滕/O. Morgenstern
帕累托/V. Pareto
庞加莱/Poincare
萨德/Sard
萨缪尔森/P. Samuelson
施瓦茨/L. Schwartz
舒必克/M. Shubik
斯梅尔/S. Smale
斯派奈/E. Sperner
斯坦恩/P. Stein
瓦尔拉斯/L. Walras
沃特/A. Wald
乌拉姆/Ulam
亚当·斯密/Adam Smith
约克/J. Yorke

数学高端科普出版书目

数学家思想文库	
书　名	作　者
创造自主的数学研究	华罗庚著;李文林编订
做好的数学	陈省身著;张奠宙,王善平编
埃尔朗根纲领——关于现代几何学研究的比较考察	[德]F. 克莱因著;何绍庚,郭书春译
我是怎么成为数学家的	[俄]柯尔莫戈洛夫著;姚芳,刘岩瑜,吴帆编译
诗魂数学家的沉思——赫尔曼·外尔论数学文化	[德]赫尔曼·外尔著;袁向东等编译
数学问题——希尔伯特在1900年国际数学家大会上的演讲	[德]D. 希尔伯特著;李文林,袁向东编译
数学在科学和社会中的作用	[美]冯·诺伊曼著;程钊,王丽霞,杨静编译
一个数学家的辩白	[英]G. H. 哈代著;李文林,戴宗铎,高嵘编译
数学的统一性——阿蒂亚的数学观	[英]M. F. 阿蒂亚著;袁向东等编译
数学的建筑	[法]布尔巴基著;胡作玄编译
数学科学文化理念传播丛书·第一辑	
书　名	作　者
数学的本性	[美]莫里兹编著;朱剑英编译
无穷的玩艺——数学的探索与旅行	[匈]罗兹·佩特著;朱梧槚,袁相碗,郑毓信译
康托尔的无穷的数学和哲学	[美]周·道本著;郑毓信,刘晓力编译
数学领域中的发明心理学	[法]阿达玛著;陈植荫,肖奚安译
混沌与均衡纵横谈	梁美灵,王则柯著
数学方法溯源	欧阳绛著
数学中的美学方法	徐本顺,殷启正著
中国古代数学思想	孙宏安著
数学证明是怎样的一项数学活动?	萧文强著
数学中的矛盾转换法	徐利治,郑毓信著
数学与智力游戏	倪进,朱明书著
化归与归纳·类比·联想	史久一,朱梧槚著

数学科学文化理念传播丛书·第二辑	
书　名	作　者
数学与教育	丁石孙,张祖贵著
数学与文化	齐民友著
数学与思维	徐利治,王前著
数学与经济	史树中著
数学与创造	张楚廷著
数学与哲学	张景中著
数学与社会	胡作玄著

走向数学丛书	
书　名	作　者
有限域及其应用	冯克勤,廖群英著
凸性	史树中著
同伦方法纵横谈	王则柯著
绳圈的数学	姜伯驹著
拉姆塞理论——入门和故事	李乔,李雨生著
复数、复函数及其应用	张顺燕著
数学模型选谈	华罗庚,王元著
极小曲面	陈维桓著
波利亚计数定理	萧文强著
椭圆曲线	颜松远著